KB142117

그를 만나면 그곳이 특별해진다

# 그를 만나면 그곳이 특별해진다

도발하는 건축가 조진만의
생각노트

조진만 지음

쌤앤
파커스

◀
차
례
▶

# Part 1. 건축은 도발이다

# Part 2. 우리가 그 도시를 사랑한 이유

# Part 3. 왜 '만들다'가 아니고 '짓는다'일까?

# 좋은 건축은 우리 삶을 도발한다

이 책에 담긴 글들은 제가 건축의 첫걸음을 뗀 이후부터 지금까지 새로운 건축에 대해 한 발짝 한 발짝 모색하며 깨달은 것들의 기록이자 흔적입니다. 건축이란 무엇일까요? 우리는 흔히 건물에 대해 평가할 때 '형태가 매력적이다', '쓰인 자재가 마음에 든다'라고 말합니다. 이렇듯 건축에서는 다분히 개인적인 취향이나 예술의 표현적인 측면이 강조되는 면이 많습니다. 하지만 저는 건축의 가장 중요한 가치가 '관계를 만들고 사회를 형성하는 틀'이라고 생각합니다. 나와 남, 자연과 인간, 개인과 사회, 안과 밖 등 다양한 관계성을 통해 우리 문화와 사회는 발전했습니다.

먼저, 학교를 떠올려봅시다. 긴 복도에 교실들이 다닥다닥 붙어있는 모습이 떠오를 것입니다. 이번에는 관공서를 떠올려봅시다. 황량한 마당을 지나 내부로 들어가면 크고 엄숙한 로비가 있을 것입니다. 다음은 아파트입니다. 폐쇄적인 복도에 같은 크기와 모양의 집들이 들어서 있습니다. 학교는 교실마다 아이들은 분리되어 있고, 선생님은 교단에 서서 일방적으로 수업하는 공간이 됩니다. 관공서는 그 엄숙함에 볼일이 끝나면 가급적 빨리 벗어나고 싶은 공간이 됩니다. 아파트는 이웃끼리 소통하지 않고 층간소음으로 원한 관계가 생겨나기도 하는 삭막한 공간이 됩니다.

이런 일상의 공간들은 우리가 눈치채지 못하는 사이에 우리들의 사고방식과 관계성을 형성합니다. 저는 건축을 통해 표면의 미학적 가치뿐 아니라 그 이면의 사람들이 만나는 방식에 대한 틀을 깨고 싶습니다. 건축을 통해 좀 더 새로운 관계와 가치가 생겨나고, 일상의 무대가 되는 공간들이 서로에게 의미 있는 장소가 되었으면 합니다. 거듭 강조하지만 건축은 결국 관계성의 학문입니다. 그것이 가진 힘은 막강합니다. 좋은 건축과 도시는 분명 우리들의 삶과 사회를 보다 창의적이고 개방되게 합니다.

이 책에서 소개하는 다양한 건축물과 건축가들의 도발적인 작업들로 인해 새롭게 형성될 사회적 관계는 어떤 것이고, 그곳에서 우리의 일상은 어떤 모습일까요? 그 공간들의 새로운 가치와 시대적 의미는 무엇일까요? 이 책을 통해서 단순히 건축 이야기를 하고 싶은 것은 아닙니다. 지금 이 사회를 살아가는 우리 모두에게 장소와 공간의 새로운 가능성에 대해 묻고 싶습니다. 그 질문은 결국 우리가 그 공간을 왜 그렇게 만들어야 하는가로 귀결됩니다.

우리는 모두 질서와 안정을 추구합니다. 왜일까요? 사회학자 리처드 서넷에 따르면 사람들의 이런 반응에는 낯섦과 불편함을 피하려는 욕망이 숨어 있다고 합니다. 편리함과 익숙함을 대가로 우리 사회가 애써 외면하고 잊어버린 문제들에 대한 대안을 제시하는 건축, 그 장소와 그 시대가 아니면 불가능한 건축, 결국 중요한 것은 그 공간의 이면에 있는 건축의 '의지'입니다.

예술과 건축의 궁극적인 차이점은 전자의 핵심이 '대상의 표현'이라면 후자의 핵심은 '해결책을 제안하는 것'이라는 데 있습니다. 그러나 이러한 해결책은 결코 하나의 답안이 아닙니다. 건축은 오랜 시간에 걸쳐 존재하며 다가올 미래 사회와 환경에 대한 무궁무진한 변화를 수용해야 하기 때문입니다. 도발하는 건축, 그것은 창의적으로 도전하며 기존의 틀을 깨고 새로운 공간의 가능성을 통해 우리 삶을 진일보하기 위한 모험과도 같은 것입니다.

# PART 1.

# 건축은 도발이다

## 아무 제약도 없으니 뭘 해도 특별하지 않다

강연회에 연사로 초청받을 때마다 나는 청중에게 공통된 다음 2가지 질문을 받는다. 하나는 창의적 설계들이 탄생하는 영감의 원천은 무엇인가, 두 번째는 아무 제약이 없다면 만들어 보고 싶은 건축물은 어떤 것인가이다. 첫 질문에 대한 대답은 '제약'이고, 두 번째 질문에 대한 대답은 '아무 제약도 주어지지 않았으니 뭘 한다 해도 특별하게 만들 수 없다'이다.

똑같은 사람이 없듯 무릇 똑같은 장소란 없는 법이다. 모든 땅에는 각기 다른 제약이 존재한다. 대지 조건과 규모의 제약, 법규적인 제약, 예산의 제약, 시간의 제약 등 매 프로젝트는 매번 다른 제약들을 내포하고 있다. 건축설계란 늘 새로운 장소에서 생활하게 될 새로운 사람들과 그들의 새로운 꿈을 잇는 작업이다.

훌륭한 디자인이란 수많은 제약을 극복하면서 비로소 그곳에서만 실현 가능한 매력을 찾아가는 과정이다. 매번 다른 제약 조건과 대지가 가진 잠재적 가치에 대한 근원적인 물음에서 출발해 공간, 구조, 형태, 재료 등 건축을 구성하는 여러 측면에서 미지의 끝자락까지 고민을 끌고 나가는 것이 바로 건축이다. 나는 항상 상반되고 모순적인 가치들의 양극을 오가며 고민한 끝에 비로소 한 획 한 획 건축 도면을 그린다. 그리고 그 과정에서 고뇌의 진폭이 크면 클수록 결과물은 역동적으로 완성된다.

　건축을 한다는 것은 어떤 면에서 사회와 그것이 암묵적으로 강요하는 삶의 방식, 또는 공간을 매개로 한 관습화된 상호 관계성에 대해 비판하는 것이기도 하다. 이런 점에서 건축은 마주치게 되는 제약들에 대해 창조적 대안을 모색하는 행위라고 생각한다. '제약들을 교묘히 피해 가면 이렇게 될 수밖에 없다'는 식의 진부한 디자인이 아니다. 그것들 자체가 복잡한 시계태엽과도 같이 긴밀히 얽혀, 상상하지 못했던 전혀 다른 차원으로 해결책을 도출하는 것이 주된 방법론이다.

　사람도 마찬가지다. 우리 모두 각기 다른 장점만큼이나 각기 다른 약점을 지니고 있다. 나는 개인의 개성은 장점이 아닌 단점들에 의해서 규정되는 것이라 본다. 단점이 치명적이고 복잡할수록 그만큼 발휘되는 개성은 남들과 차별화될 잠재성이 있는 것이다. 나는 수많은 제약을 사랑한다. 제약이 많으면 많을수록, 꼬여 있으면 꼬여 있을수록 매력적인 프로젝트의 충분조건이 갖춰진다. 영화계 거장 오손 웰스Orson Welles는 '예술의 적敵

은 한계의 부재'라고 했다. 그림자가 짙을수록 대상은 밝게 빛나며, 건축은 무수한 모순과 제약들을 빚어 만들어내는 예술이다. 빛을 발하는 훌륭한 건축은 그것이 감당하는 그림자가 그만큼 짙기 때문에 탄생한다.

서울 종로구 원서동의 공간 사옥(현 아라리오 뮤지엄)은 한국 근현대 건축의 최고봉을 꼽을 때 항상 단골로 선정된다. 창덕궁 옆, 계동 현대 사옥에 바로 붙어 있는, 시간을 뛰어넘은 듯 아담하면서도 고색창연한 이 건축물은 건축가이자, 교육자이며 최초의 건축지인 〈공간〉의 발행인이기도 한 고故 김수근 선생의 작품이다. 고 김수근 선생은 김중업과 함께 대한민국 현대건축 1세대로 평가받으며, 한국 건축사에 핵심적 영향을 끼친 것으로 평가된다.

이 건물은 내외부가 단절 없이 흐르며 풍요로운 한국적 건축미와 세련된 재료 활용이 돋보이는 불후의 명작으로 꼽히지만 그것이 만들어진 과정은 그리 순탄하지 않았다. 1970년대 초반, 사업 난조로 은행의 빚에 몰려 집과 땅이 여러 차례 경매에 부쳐졌기 때문이다. 그럼에도 불구하고 선생은 그 땅에 지금의 공간 사옥을 신축하기 시작했다고 한다. 선생의 말을 그대로 옮겨보겠다.

당시 나는 안간힘을 다해 지었지요. 주위에서는 나의 어리석음에 조소까지 보냈습니다. 은행에 넘어가고 경매 중인 땅에 집을 짓는다는 것은 남의 독에 물 붓기와 같기 때문이지요. 그래도 나는 쉬지 않고 계속 지었습니다. 돈은 빌릴 수 있지만 '시간'은 빌릴 수도, 갚을 수도 없다는 생각으로 마구 지었습니다.

역경을 겪고 있을 때일수록 그 반작용의 힘을 이용하는 것이었다. 일이 안될 때는 일을 더욱 벌이고, 반대로 잘될 때는 일을 더 가다듬어야 했다. 견디기 힘들 때일수록 투지를 왕성하게 함으로써 난관을 극복하려는 자세였다.

한편, 일본의 건축가 안도 타다오*는 정규 건축 교육을 받지 않고 독학으로 자신만의 건축세계를 구축하였다. 그의 인생은 그의 건축보다 더 흥미롭다. 폐쇄적이고 보수적인 일본 사회에서 아무런 배경도 없이 혼자 건축가로 일했으니 순조로웠을 리가 없다. 매사 처음부터 뜻대로 되지 않았고, 뭔가를 시작해도 대부분 실패로 끝났다. 그래도 그는 늘 조금의 가능성에 기대를 품고, 하나를 움켜쥐면 이내 다음 목표를 향해 걸었다. 그렇게 작은 희망의 빛을 이어나가며 필사적으로 살아온 인생이었다. 그는 자서전 말미에 다음과 같이 인생의 의미를 짚고 있다.

나의 이력에서 당신이 무언가를 찾아낸다면, 그것이 뛰어난 예술가적 자질은 아닐 것이다. 그것은 아마 가혹한 현실에 직면해도 포기하지 않고 강인하게 살아남으려고 분투하는 타고난 완강함일 것이다. 삶에서 '빛'을 구하고자 한다면 먼저 눈앞에 현실이라는 '그늘'을 직시하고 그것을 뛰어넘기 위해 용기 있게 전진해야 한다. 인생의 행복은 사람마다 다르다. 참된 행복이 적어도 빛 속에 있는 것은 아니라고 나는 생각한다. 그 빛을 가늠하고 그것을 향해 열심히 달려가는 몰입의 시간 속에 충실한 삶이 있다고 생각한다.

여기서 프랑스의 도시 릴 이야기를 해보려고 한다. 프랑스 북부에 위치한 릴은 벨기에와 인접한 국경도시다. 1970년대 번성하던 광업과 섬유 산업이 쇠퇴해 침체된 도시였다가 1983년, 세계 최초의 지하 고속철도와 1993년, TGV(테제베, 프랑스의 고속전철)로 유럽 대륙과 런던을 연결하는 교차점이 된다. 불과 인구 100만 명의 도시에서 5,000만 명의 1시간 30분 거리권으로 급격히 성장한 것이다. 이후에 변화를 수용하기 위해 약 80ha(헥타르)의 거대한 철도역사, 사무실, 아파트, 호텔, 상업 시설들이 필요하게 되었는데, 가용지가 넉넉지 않았고 인접한 구도심의 작은 건물들과의 조화도 해결해야 할 난제였다. 무엇보다 도시계획에서부터 완성까지가 불과 5년밖에 걸리지 않았다는 것이 놀

불후의 명작으로 꼽히는 종로의 공간 사옥(위)과 불가능하게만 보였던 릴의 도시계획(아래)

라운 일이었다. 유럽에서 드문 사례였다.

    설계를 담당한 네덜란드의 건축가 렘 콜하스Rem Koolhaas[**]는 이러한 제약들에 대해 입체적 도시 구성을 제안했다. 땅의 크기에 비해 필요한 시설의 크기가 커서 자칫 주변에 위압적이거나 시설끼리 연계가 떨어지지 않도록 필지와 건축물, 기반시설을 일체화시켜 도시를 계획한 것이다. 교통 인프라를 지하에 묻고 건축물들이 서로 공중에서 연결되도록 해, 마치 이탈리아의 건축가 피라네시Giovanni Battista Piranesi의 그림과도 같은 입체 도시가 완성되었다.

    이러한 '입체화'는 도시의 다양한 기능과 영역들이 서로 밀접하게 엮여야 가능하다. 당연히 일반적으로 영역을 나눠 개별 건물을 설계하는 방식보다 난도가 훨씬 높다. 시간적 제약에 더불어 공간적 복잡성까지, 마치 악몽과도 같았을 프로젝트다. 총체적 난국의 기획자인 릴의 시장은 다음과 같이 설명한다.

    이렇듯 불가능해 보이는 것을 성취하기 위해선 3가지 조건이 필요하다. 우선 '제약'이다. 평온한 세상에선 보편적 가치가 통하지만 지금과 같은 혼돈의 시대엔 특수성이 작동한다. 릴에선 땅과 시간의 제약이 무엇보다 큰 장애 요소였다. 두 번째는 '외연적 필요'가 뒤따라야 한다. TGV의 개통에 맞춰 새로운 도시가 완성돼야 한다는 강력한 필요성이 수반됐다. 이러한 서로 다른 제약이 갖춰지면 마지막으로 '혼돈의 역학'을 태동시킬 차례다. 그것은 다양한 이해관계자들이 엮이고 종속돼 서로 간 포로가 되도록 하는 것이다. 최종적 도달점은 보이지 않음에도 각자 임박한 부분적 의무에 의해 서로 간에 연쇄적으로 족쇄를 채우고 요구를 충족시키는 혼돈의 역학은 이 모든 상황을 돌이킬 수 없이 가속시킨다. 그러다 보면 어느새 일견 불가능하게만 보였던 것의 실현이 불현듯 눈앞에 펼쳐지기도 하는 것이다.

흔히 혼돈은 나쁜 것, 질서는 좋은 것이라고 여긴다. 하지만 릴의 경우는 오히려 그 반대라 할 수 있다. 혼돈이란 환경 변화에 대한 유연성을 의미하고, 복잡하고 어려운 일일수록 혼돈의 역학처럼 자율적인 부분들의 관계성이 작동해 큰 그림이 완성되기도 한다.


마지막으로 한 가지 이야기를 덧붙여본다. 이웃 나라 일본의 건축 역사상 가장 혁명적인 시기는 1960년대였다. 당시 아방가르드적 메타볼리즘metabolism 운동의 기수였던 구로카와 기쇼***는 여러 기발한 공간 구상안을 통해 20대 데뷔부터 국내는 물론 국제적으로도 주목을 받고 있었다. 메타볼리즘은 생물학적 용어로 신진대사를 의미하고 일본에서 전위적 건축론의 개념으로 사용되었다. 생물이 대사를 반복하면서 성장해 가는 것처럼 건축이나 도시도 유기적으로 변화할 수 있도록 디자인되어야 한다는 사상에서 출발하였으며, 세계가 일본의 현대건축에 주목하는 계기를 만든 혁신적 건축운동이다. 그러나 실제로 그는 설계 일감이 없어 극심한 생활고에 시달렸다. 식비까지 절약해서 하루에 한 번 식사로 허리띠를 졸라매도 3년 동안 일감이 전혀 없자 한동안 라멘 가게에서 면을 뺀 가격으로 국물만을 주문해서 하루를 때워, 영양실조로 고생하기도 했다고 한다.

그 어려운 시기에도 그가 이상을 포기하지 않고 초연히 버틸 수 있었던 것은 유사체험 덕이었다. 누구도 설계를 의뢰하지 않았지만 건축주로부터 가상의 일을 맡았다고 가정하고 한 달간 작업실에 틀어박혀 진지하게 설계작업에 몰두하며 도면을 그리는 식이다. 그는 이런 식의 자발적 동기부여를 통한 수행이 훗날 실제로 설계한 다수 걸작 창조의 근원이라고 말했다. 그는 물질적으로 매우 궁핍했지만 정신적으로는 눈부실 정도로 풍요로웠다고 자서전에서 회상했다. 결국 "창조는 역경 속에서 태어나는 법이다."

**＊안도 타다오:** 일본 오사카 출신의 세계적 건축가이다. 공고를 졸업하고 프로복서로 데뷔하였다. 이후 세계 각국을 여행하고 독학으로 건축을 공부했다. 물과 빛, 노출 콘크리트의 건축가로 불리며 완벽한 기하학 구조가 절묘하게 자연과 어우러지는 평온하고 명상적인 공간을 창조해냈다. 1995년 프리츠커상을 수상하고 1997년 도쿄대학 교수를 역임하였다. 국내에도 한솔뮤지엄, 본태 박물관 등의 작품이 있다.

**＊＊렘 콜하스**Rem Koolhaas: 네덜란드 로테르담을 기반으로 활약하는 세계적 건축가이다. 저널리스트이자 영화 시나리오 작가로 활동하다가 25세 때 영국 런던의 건축협회학교에서 건축을 시작하였다. 이후 뉴욕으로 건너가 뉴욕 건축 및 도시계획 연구소에서 객원 연구원으로 활동하였으며, 첫 저서《광기의 뉴욕: 맨해튼에 대한 소급적 선언서》로 세간의 주목을 받는다. 1975년 건축사무소 'OMA(Office for Metropolitan Architecture)'를 설립하고 세계를 무대로 활약한다. 하버드대학 교수로도 재직하고 있다. 국내에 리움 교육동과 서울대학교 미술관, 광교 한화 갤러리아 백화점 등의 작품을 남겼다.

**＊＊＊구로카와 기쇼:** 일본의 건축가로 메타볼리즘 그룹의 핵심 인물이었다. 교토대학과 도쿄대학 건축과를 졸업한 뒤 일본 현대건축의 1세대 거장 단게 겐조의 사무실에서 실무를 쌓았다. 대표작으로 긴자의 캡슐타워, 오사카 소니센터, 도쿄 국립신미술관 등이 있다. 미디어 건축가로 다양한 매체를 통해 건축과 도시 관련 이슈들을 일반인에게 널리 알렸다.

사람도 마찬가지다.
우리 모두 각기 다른 장점만큼이나
각기 다른 약점을 지니고 있다.
나는 개인의 개성은 장점이 아닌
단점들에 의해서 규정되는 것이라 본다.
단점이 치명적이고 복잡할수록
그만큼 발휘되는 개성은 남들과
차별화될 잠재성이 있는w 것이다.
나는 수많은 제약을 사랑한다.
제약이 많으면 많을수록, 꼬여 있으면
꼬여 있을수록 매력적인 프로젝트의
충분조건이 갖춰진다.

## 모든 것은 사라지고 결국 전해지는 것은 사유뿐

독특한 나선형 관람 동선으로 유명한 뉴욕의 명물 구겐하임 미술관The Solomon R. Guggenheim Museum은 건축가 프랭크 로이드 라이트Frank Lloyd Wright*의 최후 작품이자 최고 걸작이다. 미국의 철강업체 재벌로 방대한 근대미술 작품 컬렉션을 가지고 있는 솔로몬 구겐하임은 미술관 건립을 위해 라이트를 설계자로 지명한다. 살아있는 유기체로서의 건축을 강조했던 라이트는 미술관을 통해 자연과 작품, 그리고 그것을 관람하는 사람이 하나로 흐르듯 소통하는 것을 목적으로 약 430m 길이의 연속된 나선형 공간에 하늘이 보이는 거대한 천창을 통해 설계를 구상하였다.

생의 말년에 설계를 맡게 된 그는 미술관 인근의 호텔 객실을 장기 계약하여 사무실로 개조하고 완벽한 완성을 향한 의지를 불태운다. 하지만 완공이 가까워진 어느 무렵부터 점점 현장에서 그의 모습을 볼 수 없었다. 공사 도중 라이트를 전폭적으로 지지하던 구겐하임이 사망하자 급진적인 공간에 대한 재단 후원자들의 반발이 거세졌기 때문이다. 이들과의 잦은 마찰로 인해 더 이상 자신의 의지를 관철시키기 어렵다는 현실에 분노와 실망을 느낀 그는 본거지인 서부로 돌아갔다. 이렇게 우여곡절 끝에 완공된 미술관은 많은 사람의 간섭 때문에 라이트의 설계와는 다른 방향으로 지어졌다. 이후 각종 불편함에 대한 목소리, 증축에 대한 필요성이 대두되었고 마침내 30년이란 세월이 흘러 이곳은 대대적인 리모델링을 통해 건축가의 원안에 가까운 모습으로 돌아왔다. 하지만 이미 라이트는 사망한 후였다. 만약 그가 살아서 그것을 보았다면 과연 작품의 완성으로 보았을까?

흔히 우리는 건축가를 예술가라고 생각한다. 물론 건축에 있어서 예술적 표현은 중요한 요소 중 하나지만 이것은 '반은 맞고 반은 틀린' 말이다. 화가는 작품을 완성하고 거기에 서명함으로써 자신의 고유한 창작물이 완성되었다는 의미를 부여한다. 반면, 건축가는 그린 도면에는 서명을 할지라도 건축물에 서명을 하지는 않는다. 도면에 하는 서명 또한 완성의 의미가 아닌 책임 소지를 나타내기 위한 것이다. 그리고 가끔 머릿돌에 새겨지는 건축가의 이름은 서명이라기보다 완공에 관여한 관계자들의 기록에 불과하다.

설계단계에서 건축가의 머릿속에 그려진 명확한 이상은 이후 공사단계에서 무수한 타자들의 개입으로 의도와는 다르게 만들어진다. 다음은 사용단계에서 소유자의 필요에 의해 개조

30년 후에야 건축가의 원안에 가까운 모습으로 돌아온 구겐하임 미술관 내부

가 발생하고 사용 기간이 다하면 리모델링에 의해 대대적으로 변하기도 한다. 이러한 일련의 과정에서 어느 순간을 작품의 완성이라 불러야 할지는 의문이다.

예를 들어, 피카소 그림을 소유한 이가 그림 속 인물의 얼굴이 삐뚤게 그려졌다고 생각해 이를 똑바로 고쳐 그리면 코미디가 된다. 하지만 완성된 건물의 어느 부분을 소유자가 멋대로 고친다고 해서 누구도 뭐라고 하지는 않는다. 원작자인 건축가가 법에 호소를 해봐도 소용이 없다. 때론 시간이 흘러 건축물이 문화재로 지정되어 수정이 불가능해질 수는 있지만 이는 창작성에 대한 배려라기보다는 그것이 공공재로서 기능하기 때문이다.

괴테의 이탈리아 여행기에는 그가 건축가 안드레아 팔라디오Andrea Palladio의 작품집을 보고 팔라디오의 건축에 매료되어 직접 건축물을 찾아가는 내용이 담겨 있다. 하지만 실현된 건물은 작품집에 그려진 것과 많이 달랐다. 팔라디오처럼 시대를 대표하는 건축가도 현실에서 얼마나 고군분투했는지 알 수 있는 대목이다.

이처럼 건축 초반에는 명확한 의도가 존재한다. 하지만 대부분 의도대로 실현되지는 않는 법이다. 간혹 예외가 있어 의도에 가까운 완성이 일시적으로 이뤄진다 해도 세월이 흐르는 동안 사용자와 관리자를 비롯한 많은 이들의 손을 거치면서 원래의 명료함은 사라지고 만다. 그래서 건축가 르 코르뷔지에Le Corbusier**는 생의 마지막에 다음과 같이 적고 있다.

"모든 것은 결국 사라지고 전해지는 것은 사유뿐이다."

＊ 프랭크 로이드 라이트Frank Lloyd Wright: 미국의 근대 건축을 대표하는 건축가이다. 프랑스의 르 코르뷔지에, 독일의 미스 반 데어 로에와 더불어 현대건축의 3대 거장으로 꼽힌다. 미국 위스콘신주에서 태어나 위스콘신대학을 중퇴하고 시카고로 건너가 '형태는 기능을 따른다'는 명제를 남긴 건축가 루이스 설리번의 사무소에서 일했다. 이후 70년간 활동하며 400점이 넘는 작품을 남겼으며, 그의 작품들은 주변 환경에 자연스럽게 녹아드는 '유기적 건축'으로 설명된다. 대표작으로는 뉴욕의 구겐하임 미술관, 낙수장 등이 있다.

＊＊ 르 코르뷔지에Le Corbusier: 본명은 샤를에두아르 잔레그리다. 스위스 출신의 프랑스 건축가이자 화가로서 근대 건축의 아버지라 불리운다. 스위스 라쇼드퐁에서 태어나 프랑스로 건너가 당시 철근 콘크리트 건축의 선구자였던 페터 베렌스에게서 단기간 사사받은 것을 제외하고 대부분 독학하였다. 새로운 건축의 5원칙을 비롯해 도미노 시스템, 모듈러 시스템과 같이 독창적인 발상을 통해 근대 건축의 이론적 기초를 확립하였다. 대표작으로는 20세기 최고 주택인 빌라 사보아, 현대 아파트의 효시인 유니테 다비타시옹, 롱샹성당, 라 투레트 수도원, 인도의 찬디가르 도시계획, 하버드대학 시각예술센터 등이 있다.

## '비움'은 시간, 순간, 상황, 모든 것들 사이의 여백

건축가로서 건축주에게 새로운 계획을 제안할 때마다 항상 논점이 되는 것은 특정한 기능을 가지지 않는 중정이나 넓은 복도와 같은 공용공간의 쓰임에 관해서이다. 왜 쓸모없는 공간을 크게 만드는 것이냐고 물으면 이것이 전체적인 건축의 가능성을 높여주는 '여백'이라고 나는 대답한다. 여기서 여백의 의미는 아무 목적도 없는 '무의 공간'이라는 것이 아니라, 사용하는 사람들의 자발적이고 적극적인 개입과 아이디어에 의해 '무한하게 가능성이 확장되는 시작으로서 비워진 공간'이다.

기능적으로만 정돈되고 짜인 공간은 일견 효율적으로 보일지는 몰라도 계획된 것 이상의 어떠한 가능성도 만들어내지 못한다. 우리 삶을 조직하고 창조적 관계성을 만들어야 할 공간이 일방적인 소통의 틀이 되는 것이다. 하지만 쓰임이 불분명한, 일견 낭비와도 같아 보이는 여백을 통해 우리의 상상력은 발휘된다. 돌이켜 보면 우리의 언어, 전통적 공간과 여기서 생성되는 인간관계는 명확히 규정할 수 없는 '모호함' 덕분에 풍요로울 수 있었다. 서예와 한국화는 여백의 미였고, 우리의 대청, 툇마루처럼 기능이 명확하지 않은 공간들은 사람들과 자연 앞에 활짝 열려 항시 쓰임에 있어 풍요로웠다.

대학로 혜화역 2번 출구로 나와 고개를 돌리면 담쟁이 넝쿨로 둘러싸인 붉은 벽돌 건축물이 나온다. 고 김수근 선생이 설계해 1979년에 완성한 샘터 사옥이다. 출판사 사옥이라는 사적 용도로 지어졌지만 공공영역에 대한 건축주의 배려가 돋보이는 대표적인 건축물로 꼽힌다. 대학로라는 상업적 공간에서 건물 1층이 대부분 비워져 있기 때문이다. 시민들은 이 공간을 거리낌 없이 드나들며 비를 피하기도 하고 만남의 공간으로 활용하기도 한다. 이태원의 현대카드 뮤직 라이브러리나 노먼 포스터 Norman Foster의 홍콩 상하이 뱅크도 가장 임대료가 비싼 번화가의 1층을 과감하게 비우고 건물 속에 광장을 만듦으로써 보다 풍요로운 가능성의 도시 공간을 형성했다. 이렇듯 도시는 내 것과 모두의 것 사이를 느슨하게 하는 관계를 통해 더 매력적이고 창의적으로 변한다.

마찬가지로 충남 공주시 도심의 주요 보행공간인 제민천길 앞에 들어선 서점 블루프린트북 건물의 1층은 대부분 비워져 있다. 이곳은 마치 도시의 거실처럼 하천 산책로나 골목길을 거닐다 잠시 앉아 쉴 수 있는 공간이고, 주민들의 약속장소가 되기

하천변에 여백의 공간을 만든 서점 블루프린트북

도 하며, 갑자기 내리는 비를 잠시 피하는 공간이 되기도 한다. 건축주 입장에서는 임대료가 가장 비싼 공간이라 막아서 카페로 쓰면 수익이 생기지만 이 공간을 많은 사람들에게 내줌으로써 모두를 위한 도시의 여백이 되었다.

비슷하게, 서울 한양도성길의 안내쉼터도 방치된 틈새 땅을 활용해서 성곽길과 마을주민의 쉼터를 이어주는 다목적 소통의 여백이다. 은평구 산새마을의 두레주택은 골목길을 주택 내부로 끌고 들어와 층층이 길과 만나는 여백을 주어, 내 것과 모두의 것이 느슨하게 서로 엮이는 풍부함을 가지고 있기도 하다.


미국의 건축가 루이스 칸Louis Kahn*은 근대 건축 최후의 거장으로 평가받는 인물이다. 당시 지배적이었던 모더니즘 사조를 그대로 따르지 않고, 근원으로 회귀하여 고전 건축에서 모티브를 얻고 창의적인 현대 공간으로 승화시켰다. 명쾌하고 단순한 기하학적 형태를 통해 내부에 극적인 자연의 빛을 담아내는 건축들을 선보인 그를 사람들은 '빛과 침묵의 건축가'라 칭송한다.

1972년 완성된 텍사스주 킴벨미술관Kimbell Art Museum은 그의 대표작 중 하나다. 외부는 투박할 만큼 단순한 반원형 콘크리트 지붕을 나지막이 여섯 줄 이어 엮고 내부 곡면 천장에 가느다란 천창을 내어 온화하면서도 신비스러운 자연광이 충만한 전시공간을 연출하고 있다. 특히 휑하리만큼 비워진 현관은 연못의 흐르는 물소리와 주변의 숲을 고즈넉이 품어 건물에 들어가기 전 예술적인 감흥에 흠뻑 도취되게끔 만든다. 일화에 따르면 칸은 "이 현관 부분이 왜 멋있는지 알고 있습니까?" 묻고, 스스로 이렇게 대답했다고 한다. "그것은 바로 이것들이 완전히 불필요하기 때문입니다."

건축과 마찬가지로 도시적 차원에서도 유의미한 여백은 필요하다. 그것은 복잡다단한 현대인의 욕구와 행위로 다채로이 쓰임을 갖는 가능성의 공간을 의미한다. 도시의 여백이 단순히 빌딩들 사이에 남은 공간을 정돈한 공개공지나 필요 이상으로 크고, 비워진 업무시설의 로비 같은 것을 말하지는 않는다. 나날이 급변하고 복잡해지는 사회 속에서 도시를 보다 다양한 관점으로 바라보는 패러다임의 전환에 의해 도시 여백의 존재는 부각된다.

도시를 단순히 기능적으로 구분하고 영역화 해오던 것으로부터 탈피하여, 고유한 영역들 사이의 규정짓기 모호한 틈새 공간이나 가능성에 비해 저이용되는 주변 영역의 새로운 잠재성에 주목할 때이다. 나날이 포화되어 더 이상 틈이 없을 것 같은 도시에서도 조금만 관심을 기울이면 다양한 가능성의 여백을

비움을 통해 완성된 킴벨미술관 현관

발견할 수 있을 것이다.

지난 산업화 시대의 기간시설인 발전소, 가압장, 유수지, 공장 같은 시설들은 지역에서 고립된 섬과 같은 영역이다. 이렇듯 폐쇄된 공간을 새로운 공공 문화 시설로 탈바꿈하여 과거의 흔적 위에 새로운 삶을 다중적으로 더할 수 있다. 교통시설인 차고지, 간선도로, 고가하부 유휴 공간, 지하통행로 등은 입체화를 통해 기존의 기능을 수행하면서도 매력적으로 새로운 기능과 역할을 입힐 수 있다. 중요한 것은 각각의 장소성과 지역적 특색에 맞도록 여백을 활용하는 것이다. 도시의 여백을 얼마나 개성 넘치고 풍요롭게 마련해 공동체의 기억을 새겨나갈 것인가가 앞으로 우리 도시와 사회를 보다 풍요롭게 만들 중요한 과제인 것은 분명하다.

마이클 베네딕트는 1987년 《진실의 건축을 위하여》라는 얇지만 묵직한 울림을 주는 책을 저술한다. 그는 책에서 당시 물질적 풍요로움 속에서 포스트모더니즘**을 비롯한 각종 ○○주의들이 과잉 난무하는 시대에 진정한 건축의 본질이 무엇인지 질문하며 그것이 가져야 할 가장 중요한 가치는 바로 '비움Emptiness'이라 말한다. 여기서 말하는 비움이란 상실과 외로움의 골이 깊은 허무 같은 것이 아니다. 그것의 첫 번째 의미는 명쾌함, 순수함, 투명함, 탈속적이고 고요함과 같은 것이고, 두 번째 의미는 그 비움이 다양한 쓰임을 위해 적극적으로 맞아들이고 채워질 잠재성을 품고 있다는 것이다. 그의 말을 빌리면 '비어 있음'은 소리 없는 울림이며, 충만하고자 하는 잠재력으로 완성을 위해 열려있음을 뜻한다. 이는 시간, 순간, 상황의 모든 것들 사이의 여백이다. 근사한 벽난로가 우리를 끌어당길 때, 아침 안개 속 어슴푸레한 창문 저편의 풍경에 이끌림을 느낄 때, 살짝 열린 문을 찾아낼 때 '비어 있음'이 있다.

우리의 마당이나 처마 툇마루도 비움의 공간이다. 비움의 공간이지만 공동체의 삶을 윤택하게 하는 사유의 중심공간이며 자연과 조우하는 공간이다. 또한 그것은 실로 생동감 있고 다채롭다. 시각에 따라 변하는 태양의 빛에 의해, 그 그림자의 농도와 깊이에 의해, 계절마다 변하는 하늘과 바람에 의해 공간은 풍부해지며 수시로 다른 표정을 짓는다.

비움으로 인해 건축은 단순히 주어진 기능을 담는 도구의 틀을 초월한다. 진정한 완성은 미완을 품음으로써 사용하는 사람들이 채울 수 있는 생동감 있는 여백을 만들고, 또 우리를 그 속으로 이끄는 것이다.

＊ **루이스 칸**Louis Kahn: 20세기 최고의 건축가 중 한 사람으로 '건물이 무엇이 되기를 원하는가'에 대한 끊임없는 질문에 답하며 절제된 형태 속에 영감과 사색의 공간을 창출했다. 1901년 에스토니아에서 가난한 유대인의 아들로 태어난 그는 4세 때 가족과 함께 미국 필라델피아로 이주하여 미국 시민권을 얻었다. 칸은 예일대, MIT, 펜실베이니아대 등에서 교수로 있으면서 예일대 미술관, 리처드 의학연구소 등을 세웠다. 그의 나이 50세를 넘겨 이룬 건축물들로 그는 비로소 세계적인 건축가의 반열에 이름을 올리게 되었다. 캘리포니아 소크 생물학연구소는 뉴햄프셔의 필립 엑서터 도서관, 포트워스의 킴벨미술관과 함께 칸의 대표작으로 손꼽힌다. 그는 1974년 뉴욕의 펜실베이니아 기차역에서 심장마비로 숨을 거뒀다.

＊＊ **포스트모더니즘**: '포스트모던'이라는 용어는 영국의 역사가 아놀드 토인비가 《역사의 연구》에서 19세기 말 이후 서구 근대 문명의 위기를 지칭하는 개념으로 처음 사용했다. 이 용어는 1960년대 이후 건축 분야에서 가장 먼저 대중화된다. 기능성과 실용성을 우선하는 모던 건축에 대한 반발로 포스트모던 건축의 흐름이 생겨났다. 포스트모던 건축은 장식과 치장을 통해 다양한 스타일을 혼합하는 경향을 보인다.

비움으로 인해 건축은 단순히 주어진
기능을 담는 도구의 틀을 초월한다.
진정한 완성은 미완을 품음으로써 사용하는
사람들이 채울 수 있는 생동감 있는
여백을 만들고,
또 우리를 그 속으로 이끄는 것이나.

## 인간은 창조하지 않는다. 그저 발견할 뿐

창조는 모방에서 출발한다. 인간은 성장하기까지 무수한 학습들, 즉 이전 것들의 모방을 통해 한 분야에서 숙달된 단계에 이른다. 그리고 세상에서 완벽히 독창적인 것은 거의 존재하지 않는다. 우리 사고의 수단인 언어나 문자는 모두 기존의 것이며, 그 결과물 또한 지나온 것들에 영향을 받지 않기 힘들다. 대체로 우리는 이전 것들의 색다른 조합이나 덧댐을 통해 새로움이라 부르는 것에 한 발짝 다가간다. 좋은 건축물을 만드는 데도 독창성은 필수 조건이나 그것을 이루기 위해서는 질서가 되는 규범이 필요하다. 그리고 그러한 규범의 대부분은 '자연'에서 비롯되었다.

인간이 아무리 과학과 기술을 통해 기발한 것을 만들 수 있다 할지라도 그것의 바탕이 되는 재료는 항상 자연으로부터 온다. 공기나 빛, 광물 등 세상에 존재하는 자원들 모두 인간이 무에서 창조한 것은 없다. 창조의 주체는 조물주인 자연이다. 또한 자연에는 무수히 상호 작용하는 관계성이 존재한다. 식물의 광합성이나 먹이사슬에 있어서 어느 하나의 기능이 다른 것들의 존재를 성립하게 하고, 그것들의 복합적인 체계로 자연은 이루어져 있다.

스페인의 바르셀로나 하면 많은 사람들이 가우디Antoni Gaudi*를 떠올린다. 마치 도시 자체가 한 건축가의 이름으로 등식을 성립하는 것 같은 특이한 경우이다. 가우디가 제자들에게 남긴 말 중 다음과 같은 것이 있다.

'사실 인간은 아무것도 창조하지 않는다. 단지 발견할 뿐이다. 새로운 창조를 위해 질서를 갈구하는 건축가는 신의 업적을 모방할 뿐이다. 그리고 독창성은 창조의 근원에 가능한 가까이 다가가는 것이다.'

가우디는 그러한 관계성의 차원을 한 단계 확장하고, 자연의 요소들을 표현하는 것이 아니라 원리적으로 활용함으로써 이전에 존재하지 않던 새로운 가능성을 모색하고자 하였다.

다음 사진은 가우디가 1914년에 완성한 산책로다. 구엘 공원** 한쪽 언덕 하부를 들어내 열주로 떠받친 것으로, 마치 나무줄기같이 기울어진 기둥들은 공원 내에 도로를 내기 위해 파쇄한 쓸모없는 돌들을 사용해 만들어졌다. 기둥 상부에는 주변에 자라고 있던 야자수를 심고 돌기둥 위에 놓인 뿌리가 썩는 것을 방지하기 위해 기둥 안으로는 물이 흐르게끔 만들었다. 인간의 지혜를 활용하여 돌을 건축함으로써 야자수가 자라는 자연의 일부로 다시 환원시킨 것이다.

조경과 건축의 구분이 의미 없고, 땅 자체가 건축인 구엘 공원은 구석구석이 이러한 가우디의 설계를 바탕으로 만들어졌다. 그가 건축을 자연과 조화시키는 방식, 디자인을 자연으로부터 차용한 것을 보고 종종 그를 '아르누보Art Nouveau *** 건축가'라고 말하는 사람이 있으나 이는 잘못된 것이다. 아르누보 건축은 식물이나 동물의 표면적 형태를 모티프로 장식화하는 것에 비해 가우디의 건축은 눈에 보이는 것을 넘어 그 속에 내재된 질서를 자연에 근접시키고자 하였다. 자연을 담고자 하는 그의 수법은 그것을 이론이나 공식으로 파악하는 과학자의 것이라기보다 직관에 의해 파악하고 직접 손으로 만들어내는 장인의 것에 가깝다. 그것은 필연적으로 감각에 의존하게 되고 수많은 도전과 실패를 통해서만 습득이 가능한 것이다.

천재적 재능에도 불구하고 철저한 금욕생활로 작업에만 몰두한 가우디는 성당에서 미사를 마치고 나오던 길에 전차에 치여 1926년, 74세로 생을 마감하였다. 전차 운전사는 그의 지저분한 옷차림을 보고 그를 노숙자로 여겨 아무런 조치도 취하지 않고 그냥 지나쳐버렸다. 주변에 있던 사람들이 그를 병원으로 데려가고자 택시를 잡으려 했으나 역시 노숙인으로 여긴 기사

자연의 일부가 된 구엘 공원 산책로

들에 의해 승차 거부를 당하였다. 우여곡절 끝에 주변 병원에 이르렀으나 다시 차림새로 진료 거부를 당하고, 의식이 없는 그를 사람들은 빈민 병원에 두고 가버린다. 이후 겨우 의식을 회복한 가우디가 간호사에게 자신의 이름을 밝히자 모두들 놀라며 그의 지인들에게 급히 연락하게 된다. 제대로 된 병원으로 가자는 친구들에게 이미 기분이 상할 대로 상한 가우디는 가난한 사람들 곁에 있다가 생을 마감하는 게 좋겠다고 말하며 그곳에 남기로 하였다. 가우디가 그곳에서 생을 마감한 후, 그를 친 전차 운전사와 승차를 거부한 택시기사들은 모두 구속되고, 치료를 거부한 병원은 유족들에게 배상금을 지급하게 되었다. 이 씁쓸하고 안타까운 소식에 바르셀로나는 한없는 비탄과 추모에 빠졌으며 수많은 문상행렬이 이어졌다. 그의 유해는 그가 설계한 사그라다 파밀리아 성당 지하 묘지에 안장되었다.

**＊안토니 가우디**Antoni Gaudi: 스페인을 대표하는 천재 건축가 안토니 가우디는 바르셀로나를 중심으로 독특한 건축물을 많이 남겼다. 그의 건축물은 주로 자연에서 영감을 얻은 곡선으로 이루어져 있으며, 섬세하고 강렬한 색상의 장식이 주를 이룬다. 대표작 까사 비센스, 구엘 저택, 구엘 공원, 밀라 주택 등이 유네스코 세계문화 유산이다. 1884년에 짓기 시작한 사그라다 파밀리아 성당은 100년이 지난 오늘날까지도 공사 중이다.

**＊＊구엘 공원**Parc Guell: 바르셀로나 교외 언덕에 있는 구엘 공원은 건축주인 구엘 백작이 평소 동경하던 영국의 전원도시를 모델로 하였다. 당시로써는 매우 혁신적인 발상이었지만, 사업적으로는 실패한 계획이었다. 1900년부터 1914년까지 14년에 걸쳐서 작업이 진행되었지만 자금난까지 겹치면서 몇 개의 건물과 광장, 유명한 벤치 등을 남긴 채 미완성으로 끝나고 말았다. 1922년 바르셀로나 시의회가 구엘 백작 소유의 이 땅을 사들였고, 이듬해 시영공원으로 탈바꿈시켰다. 애초의 원대했던 꿈은 이루지 못했지만, 공원은 여전히 스페인이 낳은 천재 건축가 가우디의 가장 훌륭한 작품 중에 하나로 기억되고 있으며, 많은 시민들과 관광객의 쉼터로 사랑받고 있다.

**＊＊＊아르누보**Art Nouveau: '새로운 예술'이라는 뜻으로, 19세기 말에서 20세기 초에 걸쳐 서유럽 전역 및 미국에까지 넓게 퍼졌던 장식적 양식이다. '아르누보'라는 명칭은 1895년 파리에서 반 데 벨데가 설계한 공예품점 이름에서 유래한 것이다. 같은 양식을 지칭하는 말로 모던 스타일(영국), 유겐트슈틸(독일), 스틸레 리바티(이탈리아), 귀마르 양식(프랑스) 등이 있다.

## 건축에 필요한 설득의 기술

설계를 의뢰받은 건축물의 외관 색을 노란색으로 하고 싶은 어느 건축가가 있었다. 그는 설계 기간은 물론 건물이 지어지는 동안에도 일절 외관의 마감처리에 관해 일언반구도 하지 않았다. 대신 그는 매번 설계 미팅 때마다 노란색 넥타이, 셔츠, 손수건, 모자, 양말, 바지 등 상대방에게 노란색이 읽히도록 의도적으로 의상에 하나씩 포인트를 주었다. 공사가 막바지에 이르러 드디어 외장 재료를 결정할 시점에 건축가는 넌지시 말했다. "뭔가 돋보이는 색깔이 필요할 것 같군요." 건축주는 말했다. "예? 여기 노란색이 아니었나요?"

말이 필요 없는 설득의 한 예이다. 뛰어난 디자인 실력, 기술, 그리고 종합적 판단력은 우수한 건축가의 필요 사항이다. 하지만 건축주로부터 사용자에 이르기까지 일련의 건축행위에 관여되는 다양한 사람들을 설득할 수 없다면 그의 이상은 실현되기 어렵다. 뛰어난 건축가는 분명 뛰어난 실력만큼의 설득력과 공감능력을 필요로 한다.

미국 로스앤젤레스의 성 마태오 교회St Matthew's Episcopal Church가 새로운 디자인을 위해 건축가를 찾을 당시의 일이다. 많은 후보 건축가들을 제치고 찰스 무어Charles Moore*라는 이가 선택되었다. 선정 이유는 그가 교회 구성원 전원의 의견을 경청하면서 설계를 진행하겠다는 독특한 방식을 제안했기 때문이다. 그리고 실제로 한두 차례 형식적인 공청회가 아닌 모임을 신도 모두가 정기적으로 갖고 새로운 교회의 방향과 공간에 대해 열심히 토론했다. 건축가는 가지각색의 의견들을 정리하며 스케치로 옮겼다. 이윽고 교회는 우아한 목조 건물로 완성되었고 교회 구성원들은 모두 자신들이 만든 교회라며 만족했다. 하지만 전문가의 시선으로 보았을 때 그것은 명확히 찰스 무어의 독창성 넘치는 작품이었다. 기본 구성에서부터 구석구석에 이르는 사소한 디테일까지 절대 일반인이 흉내 낼 수 있는 아이디어가 아니었다. 하지만 토론을 거듭한 결과로 눈앞에 나타난 건축가의 디자인을 교인들은 자신들이 바라던 것이라 믿어 의심치 않았던 것이다. 만약 무어가 그들이 말하는 바를 곧이곧대로 도면에 옮겼다면 건축은 제대로 성립하지 못했을 것이다. 사실 무어는 공청회라는 수단을 통해 그가 원하는 바를 설득했다고 보는 편이 맞을 것이다.

이처럼 설득에는 기술이 필요하다. 그리고 누군가를 설득

찰스 무어의 성 마태오 교회 내부

하기 위해서는 자신감이 넘치지 않으면 안 된다. 동서고금을 통틀어 회의적인 사람은 아무리 천부적인 재능을 지녔더라도 창의적인 측면에서 그 뜻을 이루기가 쉽지 않다. 건축이 다른 학문이나 기술과 가장 크게 다른 점은 '타자 의존성'이다. 음악가가 연주를 통해 직접 자신의 곡을 실현하고, 화가가 손수 그린 그림을 통해 생각을 전달하는 것과는 사뭇 다르다. 먼저 의뢰인이 있어야 하고, 그것을 실현하는 과정에서 실로 다양한 사람들이 각각의 부분을 담당한다. 도면이라는 것은 결국 제한된 방식의 생각 표현이고 그것의 해석과 실행에는 수많은 소통과 공감이 필수적이다.

＊**찰스 무어**Charles Moore: 미국의 건축가이다. 1970년대 미국에서 전개된 포스트모던 고전주의를 주도한 건축가 중 한 사람이다. 대표작품으로 이탈리아 광장 피아자 드 이탈리아가 있다. 무어의 건축은 근대 건축의 일반적 양식을 벗어나 과거의 기억으로부터 참조해 온 이미지, 혹은 역사적 형태를 재활용하고 그것들을 추상적으로 이용함으로써 역사에 대한 이해를 넓혔을 뿐만 아니라 독창성과 유머, 인간성을 담고 있다.

## 스타일이 놓친 것들

미국 코네티컷주 외곽에 위치한 글라스 하우스Glass House는 건축가 필립 존슨Philip Johnson*이 1949년에 만든 자신의 집으로, 20세기 최고의 주택에 빠지지 않고 등장하며 일반인들에게도 폭넓게 알려진 건축물이다. 사진과 같이 내부의 화장실을 제외하고 모든 벽은 투명한 유리로 만들어져 있다. 당시 거장 미스 반 데어 로에Mies van der Rohe**가 설계 중이던 판스워스 하우스 fanthworth house***의 모형을 보고 영감을 얻어 설계했다고 한다. 하지만 미스의 판스워스 하우스보다 2년 먼저 완공되는 바람에 당시 많은 논란이 되기도 하였다. 건축가 프랭크 로이드 라이트가 글라스 하우스에 들어선 후 "이보게, 필립. 내가 지금 안에 있는 것인가, 밖에 있는 것인가? 모자를 벗어야 하는가, 아니면 계속 쓰고 있어야 하는가?"라고 한 말은 두고두고 회자된다.

글라스 하우스는 부지의 경사 지형과 주변 나무들의 높이까지도 하나하나 세심히 고려하여 설계되었다. 주위 풍경과 조화되고 경계 없이 열린 자연과 인간이 한데 어우러져, 한 폭의 풍경화 속에 있는 듯한 느낌을 준다. 그는 거실 너머로 펼쳐지는 파노라마의 울창한 숲을 '최고급 벽지'라고 말했다. 시간과 날씨, 계절에 따라 시시각각 변하는 빛과 전경, 이 모든 것을 있는 그대로 느낄 수 있게 최소로 단순화시킨 최대의 풍부함인 것이다.

그는 원래 인문학을 전공하였으나 진로를 바꾸어 35세에 건축가가 되기로 결심하고 공부를 시작하였다. 수많은 기술적 지식이 필요한 건축의 영역에서 서른이 넘어 공부를 시작한다는 것은 서른이 넘어 의사가 되기를 작정하는 것과 마찬가지로 어려운 일이다. 요즘 말로 '금수저'였던 그는 자신의 졸업과제로 학교 인근에 부지를 매입하여 실제 실험적 주택을 짓기도 하였다. 이후 그는 뉴욕의 명소인 링컨 센터를 비롯해 시그램 빌딩, AT&T 본사, 로스코 예배당 등 많은 명작을 남기고 프리츠커상(인류와 환경에 공헌한 건축가를 선정하여 매년 수여하는 상)을 수상한 최초의 건축가로 기록되었다.

고객의 취향에 맞추어 매번 바뀌는 그의 건축디자인이 줏대 없다는 비평에 대하여 그는 "나는 창부다(I am a whore)"라는 익살스러운 답변을 남겼다. 하지만 이는 당시 난무하던 모더니즘, 포스트모더니즘, 고전주의 등 자기주장적 ○○주의에 대한 강한 비판이기도 하다. 그를 당대의 다른 건축가들과 차별화하

필립 존슨의 글라스 하우스(위)와 미스 반 데어 로에의 판스워스 하우스(아래)

는 지점은 스타일과 일반적인 흐름에 얽매이지 않고 자신의 세계를 자유롭게 창조했다는 점이다. 그는 건축가로서 건물에 대한 의뢰인의 꿈과 환상뿐 아니라 동시대를 대표하는 문화적인 영향을 작품에 가미하고, 그 위에 전체적인 본질을 꿰뚫는 미적 감각을 총체적으로 동원해 작품을 창작하였다. 이러한 그의 태도와 작품들은 단순히 ○○주의라는 규정을 넘어서 20세기 건축의 본질적 가치추구에 큰 획을 그었다.

설계를 하다 보면, 집을 짓고자 찾아오는 사람의 대부분은 자신이 어떤 스타일의 공간을 선호한다며 말을 꺼낸다. 하지만 그러한 취향은 좋든 나쁘든 결국에는 소모되어 잊히고 만다. 쉽게 눈을 현혹하는 스타일보다 그 이면에 존재하는 쓰임과 기능에 대해 고민하는 것이 보다 본질에 가까워지는 방법이다.

＊**필립 존슨**Philip Johnson: 하버드대학에서 문학을 전공하였으나 1927년 건축비평가 히치콕의 글을 읽고 건축으로 전향했다. 1930년 뉴욕 현대 미술관에 건축부를 설립하여 '인터내셔널 스타일'이라는 당시 근대 건축의 선구적인 전시를 기획한다. 1946년부터는 대학에서 직접 건축 설계를 공부하고 건축가가 된다. 20세기 후반 미국을 대표하는 그의 건축은 건축 형태에 역사 양식의 면모를 반영해 포스트모더니즘의 정수를 보여주었다. 1979년 첫 번째 프리츠커상의 수상자이기도 하다.

＊＊**미스 반 데어 로에**Mies van der Rohe: 르 코르뷔지에와 더불어 20세기 건축에 가장 큰 영향을 끼친 건축가이다. 독일 출신의 미국 건축가로 아헨에서 출생하고, 시카고에서 사망했다. 석공의 아들로 정규 건축 교육은 받지 않고, 직공 일을 배워 1907년에 독립했다. 1929년 바르셀로나 만국박람회 때의 독일관, 1930년의 튜게트하트 저택에서 철근과 유리 벽면에 의한 순수한 공간을 구성하는 독자적 작풍을 확립했다. 3대 바우하우스 교장을 지낸 뒤 1937년 미국으로 망명, 일리노이 공과대학 교수가 되어 이 학교의 크라운홀과 판스워스 하우스, 레이크 쇼어 가 아파트 등으로 세계적 거장이 되었다. 뉴욕의 시그램 빌딩은 만년의 걸작이며, 바르셀로나 체어 등 가구 디자인으로도 뛰어난 작품을 남겼다.

＊＊＊**판스워스 하우스**fanthworth house: 현대건축의 거장 미스 반 데어 로에에 의해 설계된 모더니즘의 아이콘적인 주택이다. 미국 일리노이주에 있다. 건물로 한 편의 시를 썼다고 평가되며, 20세기를 대표하는 재료인 철과 유리로 만들어진 신전으로 완결적인 미학을 갖는다. 사방이 투명한 벽으로 주변이 파노라마처럼 펼쳐진다. 그의 평소 철학 'Less is more'와 'God is in detail'이 집약된 작품이다. 한편 건축주인 판스워스 박사는 이 집이 사생활의 보호라고는 찾아볼 수 없고, 설계는 비실용적이며, 실내는 너무 덥다고 건축가와 소송전까지 벌이기도 했다. 현재는 미국 국가지정 역사 문화재로 선정되어 많은 관광객과 건축학도가 방문하는 명소이다.

## "나는 생각이 막히면 가르다이아에 간다."

알제리의 수도 알제에서 남쪽으로 약 500km, 사하라사막의 오아시스에 위치한 가르다이아Ghardaia는 다음 사진처럼 독특한 형태의 집락을 형성하고 있다. 11세기 이슬람교 음자브인들이 종교적 박해를 피해 남아프리카의 지중해 해안으로부터 옮겨와 아무것도 없는 사막에서 일거에 만든 이른바 요새 도시이다. 주변이 온통 사막으로 둘러싸인 가운데 오목한 지역에 위치하고, 마을은 낮은 언덕 지형으로 가장 높은 곳에 모스크의 첨탑이 있다. 이 모스크를 에워싸며 'ㅁ'자 중정을 가진 집들이 원심형으로 언덕 전체를 빼곡히 메우고 펼쳐진다. 실로 한 폭의 입체주의 회화를 보는 듯한 비현실적인 아름다움을 지닌 이 마을은 1982년, 세계문화유산으로 등재되어 매해 많은 관광객이 방문한다.

불규칙하게 무작위로 들어선 건축물들이 조화롭게 보이는 것은 집을 지을 때 어느 집에서도 언덕 꼭대기에 있는 모스크의 첨탑이 가려지지 않도록 한 배치 때문이다. 길을 먼저 만들고 집을 세우는 우리와 달리 이들은 집을 만들고 그 사이 틈을 길로 활용하는 듯하다. 차가 아닌 인간의 크기로 미로와 같이 오밀조밀 얽혀있고, 높은 담들 사이로 좁게 굽이치는 길들은 사하라의 뜨거운 햇볕과 모래바람을 막아준다. 작은 문들만 듬성듬성 나 있는 폐쇄적인 길과 대조적으로 집들의 내부는 방들이 각각 중정으로 열려있어 쾌적하고 기능적이다. 집집마다 존재하는 형형색색의 옥상 테라스는 종교적 제약 속에서 여성이 자유롭게 활동할 수 있는 외부공간이자 바짝 붙어 있는 이웃집들과 쉽게 오갈 수 있는 통로가 되기도 한다.

한편, 이들 집 안에는 가구가 거의 없다. 주변이 모두 사막이라 목재 수급이 거의 불가능하기 때문이다. 수납은 벽을 파서 해결하고, 식탁이나 의자 없이 거실이나 야외 테라스 바닥에 앉아 식사한다. 인체에 맞춘 최소한의 공간으로 모든 일상이 간소하게 이루어진다. 집들의 외벽 재료는 땅과 같은 흙으로 되어있어 도무지 어디까지가 건물이고, 어디까지가 자연환경인지 경계가 모호하게 매력적으로 어울려 있다.

1930년대 알제의 도시설계에 관여하던 현대건축의 거장 르 코르뷔지에도 가르다이아에 매료되어 수차례 방문한 기록이 있다. 그곳에서 영감을 받은 르 코르뷔지에는 오아시스 도시의 독특한 건축 형태, 관개농업, 교통체계 등에 대해 여러 메모

건물과 자연의 경계가 모호한 사하라사막의 가르다이아

와 스케치를 남겼다. 그는 주변에도 꽤 자주 "생각이 막히면 가르디아에 가보라"고 했다고 하니, 이후에도 가르다이아는 수많은 건축가의 상상력을 자극하는 원천이었을 것이다.

비슷한 예로 모로코의 오래된 도시 페스Fez는 서기 789년부터 형성되어 천년의 세월이 지난 오늘날에도 여전히 문화 중심지로서의 영광을 잃지 않는 도시이다. 아틀라스 대륙의 교통 요충지에 세워진 이 도시는 14세기에 절정의 황금시대를 이루기까지 줄곧 번성하였다. 12세기에 이미 10만이 넘는 가구와 사원, 대학을 비롯하여 상업적으로도 번성하였다. 이 도시를 하늘에서 보면 중정을 가진 'ㅁ'자형의 집들이 마치 벌집처럼 붙어 있다. 특별한 형상의 집은 아무리 찾아도 없고 모두가 엇비슷한 형태와 규모를 이루고 있다. 길 또한 큰길도, 작은길도 구분되지 않는다. 모든 것이 등가의 평등한 구조이다.

이들의 종교인 이슬람교가 가진 평등의 가치가 도시와 건축을 그렇게 만든 것이다. 실핏줄처럼 곳곳을 관통하고 미로와 같이 복잡한 길은 자칫하면 방향성을 잃기 십상이다. 하지만 이러한 도로는 아이들의 놀이터이자 장터이며 사람들이 모여서 소통하는 광장으로서 기능한다. 길은 때때로 입체적으로 확장되어 계단이 되기도 하며 집 아래로 관통하기도 한다. 길에 면한 문을 열고 들어가면 시야는 갑자기 푸른 하늘로 활짝 열린다. 모든 집이 자기만의 하늘과 소우주를 가지고 있는 것이다. 명확한 중심이 존재하지 않으며 각 부분들이 모두 중심이 되는 다원적 도시이자 부분들의 관계에 의해 전체의 질서가 만들어지는 살아있는 생명체와도 같은 도시인 것이다.

## 보편적 해답 아닌 특수한 가능성을

성남시 판교동에 지어진 층층마루집은 각자 아파트에 떨어져 살던 8명의 가족이 한 공간에 모여 살기 위해 만들어진 집으로 '층층마루'라는 이름처럼 마당이 1층부터 옥상까지 층층이 겹쳐져 쌓여있다. 건축주는 5살, 3살 난 아이 둘을 둔 맞벌이 부부로 시댁 근처 소형 아파트에 살다가 고민에 빠졌다고 한다. 육아 휴직 중인 아내가 복직하면서 아이들을 맡아줄 사람이 문제였다. 고심 끝에 부부는 아내의 친정과 합치기로 했다. 아이 봐주기가 여의치 않은 시부모님도 흔쾌히 승낙하셨다. 그러나 막상 합가하려니 만만치 않았다. 친정 부모님에 미혼인 남동생, 여동생까지 8명이 좁은 아파트에서 복닥거리고 살자니 갑갑해졌다. 조용히 살던 부모님과 동생들에게도 짐이 되는 것 같았다.

결국 부부와 친정 부모는 각자 가진 아파트를 처분해 단독주택을 짓기로 한다. 6명의 건축주가 요구하는 사항은 저마다 달랐다. 화초 기를 정원(친정아버지), 커다란 주방(친정어머니), 가족실(남편), 개인 공간(두 동생), 넉넉한 수납장(아내)까지, 집에 필요한 공간만 무려 17개였다. 일대는 규정에 의해 2개 층 연 면적 50평 이하라는 제약도 있었다. 해결책은 '입체적 마루'였다. 층마다 중정 형태로 외부에 마루를 엇갈리게 두고 방들이 이 마루를 둘러싼 형태로 집을 설계했다. 층높이도 다양하게 해 3층 같은 이층집을 만든 뒤 1층은 부모님 방, 2층은 동생 방, 3층 옥탑은 부부와 아이 방을 배치했다. 입체적인 중정을 배경으로 다양한 공간들이 거주자의 행위에 따라 시시각각 다양한 관계를 형성하는 거주 풍경을 만들고자 하였다. 가족들의 관계와 각 공간들이 아파트처럼 벽이나 층으로 단절되지 않고 서로 유기적으로 통하는 집, 마루를 통해 좀 더 서로에게 느슨하게 열려있는 공간을 만들 수 있지 않을까 생각했다.

외부에서 보이는 집의 단순한 모습과는 대조적으로 집의 내부 풍경은 작은 산림욕장 같다. 벽면과 마루가 목재로 마감된 데다 오솔길처럼 방과 거실, 주방이 유기적으로 이어져 있기 때문이다. 중정을 향해 엇갈리게 난 여러 개구부들은 소통의 창이다. 고개를 빼꼼히 내밀면 아이들이 뛰어노는 모습이, 할머니가 음식 하시는 모습이 보인다. 이 창들 덕에 피하고 싶을 땐 피하고, 보고 싶을 땐 볼 수 있는 시선 처리가 이뤄졌다. 중정을 감싸는 목재는 자투리 목재를 재활용한 것으로 규격이 일정하지 않지만 이러한 불규칙성이 만들어내는 다양한 패턴이 오히려 내부에 풍부한 빛과 그림자를 만들어낸다. 재료는 결국 시간과 빛으로 완성하는 것이다. 나무도 시간이 흘러 퇴색되어 배경이 되고 결국 거주자의 생활 흔적과 행위들만이 다채로이 부각되는 것이다. 좋은 건축이란 해답을 제시하는 것이 아니라, 가능성의 공간을 제공하고 거기서 생활하는 사람이 창조적으로 채워나가는 것이라고 생각한다. 그래야 비로소 집을 통해 새로운 가족 관계가 생겨나는 것이다.

분당구에 지어지는 선인재는 건축주 부부의 어머님과 장성한 자녀 둘, 삼대를 위한 집이다. 처음 부지를 방문했을 때, 그곳은 서쪽의 울창한 숲이 주는 포근함과 남쪽으로 멀리 열린 풍경이 특징이었다. 이렇게 다른 방향으로 열린 자연과 풍경을 어떻게 하면 '함께 또 따로' 공간 속에 담을지 고민하며 설계를 시작했다.

건축의 기본은 수평과 수직이다. 수평은 바닥과 같이 서로를 연결하고 수직은 벽체와 같이 각각의 공간을 규정한다. 이 주택은 수직 요소인 벽들을 여러 차례 겹침으로 자연 속에 공간을 한정하고 가족들 간의 관계를 구성하고자 하였다. 여기서 벽은 '한정 짓는 것' 외에도 '열어주는 것', '감싸주는 것'에 보다 가깝다. 집의 주요 구조이기도 한 다중의 벽들은 서로 미묘하게 어긋나고 높낮이를 달리하며 주변의 자연과 경치를 담는 캔버스와 같다. 아래층 거실을 형성하는 동서 방향의 벽은 서측의 숲을 끌

입체적 마루로 서로 소통하는 층층마루집

어들이며 공동의 공간을 만들고, 이에 교차하는 위층 남북 방향의 벽들은 멀리 열린 풍경을 담으며 각 방들을 규정한다. 단순히 방을 나누는 벽에서 나아가 집의 외부로까지 연장되어 때로는 나누고, 때로는 엮어주는 '관계성의 벽'이 된 것이다.

철학자 하이데거는 우리가 '정주함으로서 비로소 존재한다'고 하였다. 정주는 집을 지음으로써 시작된다. 집은 하나의 작은 도시이자 소우주이다. 이렇게 함께 또 따로, 작지만 느슨한 관계를 다채롭게 조직하는 집은 그 속에서 우리가 사유하며 삶을 보다 풍성하게 만들 수 있도록 한다.

자연을 담는 벽을 가진 선인재

철학자 하이데거는 우리가
'정주함으로서 비로소 존재한다'고 하였다.
정주는 집을 지음으로써 시작된다.
집은 하나의 작은 도시이자 소우주이다.
이렇게 함께 또 따로,
작지만 느슨한 관계를 다채롭게 조직하는 집은
그 속에서 우리가 사유하며 삶을 보다
풍성하게 만들 수 있도록 한다.

## 팬데믹 시대 공원의 의미

　도시의 핵심 오픈 스페이스로서 광장과 차별화되는 '공원'의 매력은 무엇일까? 그것은 자연을 배경으로 공공의 집합적 문화와 개인의 개별적 영역들이 서로 어울리며 다중적 관계를 만들어내는 데 있다. 공원은 도시가 압축된 모습이며 도시문화의 거울이기도 하다. 공원은 시대의 영향을 받을 뿐만 아니라 그 활용은 나라와 문화마다 다르다. 한마디로 공원은 사회의 관습과 문화를 반영한다.

　종묘 공원 곳곳에서는 정치토론, 장기, 아코디언 연주, 서예 전시 등이 펼쳐지고 노인들은 이러한 행위들에 대해 자신의 거리를 스스로 조정하여 선택하고 참여한다. 마치 어르신 복지관의 기능이 그대로 공원에 흡수된 것처럼 보인다. 홍대 놀이터로 알려진 홍익어린이공원은 홍대거리가 젊은이들의 거리로 거듭나면서 거리미술, 아트 벼룩시장, 즉석 공연 등이 펼쳐지는 장소가 되었다. 공원이 궁극적으로 홍대 지역문화를 대중에게 어필하고 네트워크화하여 문화를 생산하고 유통하게 된 것이다.

　공원은 지붕 없는 전시장이자 공연장이다. 공원은 주변 맥락에서 비롯된 창조적 문화 활동을 이끌어내고 서로를 보고, 보이며 즐기고 동질감을 형성하는 장소다. 반대로 공원이 주변 도시의 활성화를 이끌어내는 경우도 있다. 과거 철길을 따라 형성된 연트럴파크와 경마장이 변한 서울숲의 성수동 일대는 최근 젊은이들의 주요한 소비 공간이 되었다. 가로수길 같이 번화한 거리만 존재했던 기존 상권이 숲세권이란 단어와 함께 공원과 인접한 영역으로 확장된 것이다. 그렇다면 공원과 건축이 잘 어우러진다는 건 무엇일까? 조금 더 자세히 알아보도록 하자.

독일 바이마르의 예술 종합학교인 바우하우스의 발상지 데사우의 중앙 공원에 지어진 바우하우스 뮤지엄의 설계 공모전 당시 나의 설계안을 설명해보려 한다. 보통 박물관은 거대한 창고로서 외부의 빛과 풍경을 완벽히 차단하여 전시에 집중하게 만드는 것이 핵심이다. 그러나 이곳은 어떻게 주변 공원의 아름다운 풍경을 박물관 내부로 끌어오면서 외부에서도 공원의 풍경을 육중한 건물로 해하지 않을 것인지가 주된 설계의 목표였다.

큰 전시공간을 공중으로 띄우고 공원 레벨에서는 카페, 강의실, 기프트숍처럼 표를 구매하지 않아도 이용할 수 있는 공용공간을 공원의 각 방향으로 흩트려 구성했다. 로비는 안쪽에서 이들을 연결하고 상부의 전시공간으로 연속하게끔 만들었다.

전시공간의 비대한 건축 표면은 주변 공원을 투영하는 반사 재질의 재료를 사용하여 공원 풍경이 단절되지 않도록 하였다. 공원 어느 방향에서나 열려있고 어디서 보아도 공원의 일부가 되는, 공원을 담는 건축인 것이다.

다음은 세종시 박물관 마을 속 도시건축박물관의 계획안이다. 세종시 박물관 마을은 다양한 박물관들이 회랑과 중정으로 엮이어 하나의 도시가 되는 큰 그림을 가지고 있다. 이러한 박물관 도시에서 건축박물관은 하나의 공원이 되고자 한다. 주요 관람이 이루어지는 지하는 도시 속 작은 도시로 교육, 연구, 전시를 각각 크기와 높이가 다른 집들로 보고 서로 긴밀하게 엮어진 도시처럼 구성하였다. 반면에 지상은 모든 방향에서 개방된, 서로 다른 높이의 방들이 연속된 곡면의 녹지다. 방문자들은 자유로이 산책하듯 경계없이 야외 전시와 공연 및 휴식을 즐길 수 있다. 이것이 바로 공원을 닮은 건축이다.

여기서 나의 세운상가 재생 계획안에 대한 이야기를 해보려고 한다. 세운상가의 대지는 원래 일제강점기인 2차 대전 말 (1945년) 폭격으로 인한 도심 화재를 방지하기 위하여 건물을 짓지 않고 공터로 조성된 지역이었다. 그리고 현재의 세운상가는 1960년대 말 대한민국 최초의 도심재개발사업으로 계획되어

공원을 담는 건축을 주제로 한 바우하우스 뮤지엄 설계안

세종시 도시건축박물관 구상도

고 김수근 선생이 설계하였다. 남북을 관통하는 거대 구조물과 인공대지·데크로 보행자와 차량을 분리한 독특한 모습으로 계획되었다. 이곳은 1972년 완성 당시 대한민국 최초의 주상복합 건축물로, 당시 사회 지도층 인사들이 입주하는 서울의 명물이었다.

세운상가의 가장 큰 특징인 데크는 도로 위에 조성된 공공 시설로, 건물의 동·서측 지상 3층에 조성되었다. 하부로는 차량이 통과하고 공중 데크는 보행 전용으로 서울의 중심 녹지축인 북악산, 종묘, 남산을 잇는 역할을 하는 것이었다. 그러나 사업 과정에서 입체 데크는 끊어졌고 주변 일대가 쇠락하여 그것은 흉물처럼 방치되었다. 프로젝트의 핵심은 입체 데크를 다시 연결하고 주변 도시조직과 보다 긴밀하게 엮어, 실현되지 못한 녹지 보행의 연속성을 재생하는 것이었다.

먼저, 동·서측의 동일한 2개 공중 데크를 도시 보행의 척추로 보고 서로 상보적인 구성을 취하였다. 동측은 기존 3층의 보행 데크에 2층을 추가하여 지면으로부터 다층화된 입체 테라스처럼 층층의 공원을 만들고, 주변에서 보다 쉽게 연결되도록 하였다. 반대로 서측은 외부 데크를 유리로 감싸서 세상에서 가장 긴 공중 온실을 만들었다. 이렇게 하면 사계절 내내 같은 환경을 유지하며 비나 눈이 올 때, 저녁에도 매력적으로 이용할 수 있는 도시의 식물원이 된다. 이러한 층층 공원과 공중 온실은 각각 기

서울의 중심녹지보행 공간으로서의 세운상가 설계안

능이 다른 공원으로서 그 가운데 있는 세운상가와 주변의 도시 조직을 매력적으로 연결하게 되는 것이다.

팬데믹 시대에 공원은 다시 한번 그 가치를 증명하고 있다. 이동통신사 빅데이터 분석에 따르면 코로나 이후 공원의 이용률이 50% 이상 증가하였다고 한다. 광장과 쇼핑센터를 비롯한 다중 시설의 기피가 공원 선호도로 나타난 것이다. 기존의 대형 공원뿐만 아니라, 다양한 형태와 성격을 가진 공원들의 활성화는 앞으로 도시 생활의 주인공이 될 것이다. 나아가 공원과 도시, 자연과 건축은 서로 구분되지 않고 더욱 융합될 것이다. 20세기가 만들어낸 명확한 경계 짓기의 철학에서 진보하는 것이다. 안과 밖의 경계가 모호한, 단일 용도가 아닌 사용자의 의도에 따라 다중의 소통과 관계성을 만드는 자유로운 건축이 시작될 것이다.

## '안전하기만 한' 놀이터가 잃어버린 것

건축가로서 다양한 종류의 시설을 설계하지만 늘 가장 큰 고민은 어린이를 위한 공간이다. 그것이 비단 놀이터일 수도 있지만 다른 대부분의 시설도 어린이가 함께 사용하므로 어떻게든 어른이 아닌, 항상 호기심이 넘치는 이들을 위한 재미있는 공간을 담아내려 애쓴다. 창신동의 산마루 놀이터, 은평구의 내를 건너서 숲으로 도서관, 고가하부의 다락까지 규모와 용도는 매번 달랐지만 가장 중요한 대상은 어린이였고, 일관된 주제는 자연과의 대화, 경계 없이 열리며 연속된 공간, 그리고 목적 없이 비워진 장소를 곳곳에 만드는 것이었다. 건축가가 건물의 모든 곳을 '이렇게만 사용하라'고 확정지어 버린다면 사용하는 입장에서는 무척이나 숨이 막힐 것이다. 특히 어린이에게는 스스로 의미를 만들어 낼 수 있는 '내버려진 장소'가 필요하다. 하지만 매번 이러한 의도는 배척당할 수밖에 없다. 현실에서 애매함과 경계 없음은 잠재적 사고의 유발요소이기 때문이다. 그래서 이러한 공간에는 갑자기 생뚱맞은 난간이나 커다란 화분이 들어선다.

사람들은 개성과 창의력을 키우는 교육에 관심이 많다. 그러나 아이가 개성과 자립심을 키울 수 있는 발상을 모두 배제하고 철저하게 관리된 환경에서 마음껏 뛰놀라고 말하는 것은 모순적이다. 마음껏 뛰놀지 못하고 자란 아이는 자기 관리 능력을 체득할 수 있을까? 과잉보호 속에서 과연 살아 있는 긴장감, 문제를 해결하는 창조력이 키워질 수 있을까? 요즘 아이들의 가장 큰 불행은 일상 속에서 자신의 뜻대로 마음껏 뭔가를 할 수 있는 여백의 시간과 장소를 갖고 있지 못하다는 것이다.

내가 어릴 적에는 여기저기 공터와 산, 들이 있었다. 학교를 마치면 어른들이 정해준 규칙이나 틀이 전무한 그곳에서 아이들은 스스로 궁리해서 놀이를 만들어내고, 또 가끔은 다치기도 하며 건강하게 성장하였다. 자연과 어울리는 방법을 배우고 위험한 행동을 하면 아픔이 뒤따른다는 것도 체득했다. 우리는 지금 '안전'이라는 미명 하에 아이들을 구획된 놀이터에 가두고 있다. 이는 과보호의 테두리 속에서 아이들의 창의성과 자립성을 저해하는 일이다.

건축은 궁극적으로 인간의 활동 공간인 '틈'을 만드는 것이다. 여기서 '틈'이란 한자로 사이 간間에 해당한다. 즉, 건축은 인간人間이 앞으로 보낼 시간時間을 위한 공간空間을 만드는 것이다. 인간은 '사람들 사이의 틈', 시간은 '순간 사이의 틈', 공간은

'관계 짓기를 위한 틈'을 말한다. 어떻게 보면 인생이란 이 중요한 '틈'들을 얼마나 의미 있게 채우며 살아갈지의 문제이기도 하다.

창의적 놀이터란 아이들이 틈을 찾아내 자기만의 공간을 만들 수 있도록 해주는 곳이어야 한다. 약간은 위험한 곳일수록 호기심과 모험심이 자극된다. 아이들은 놀면서 스스로 생각하고 커간다. 도시와 사회의 다양한 틈 사이에서 자기만의 영역을 만들고 시행착오를 맛보면서 목표를 위해 노력하는 경험이 아이들에게는 필요하다.

우리나라 놀이터들이 모두 비슷한 모습인 것은 1970년대에 아파트가 도입되면서 주택건설촉진법에 이런 기준이 있었기 때문이다. '어린이 놀이터는 최소한 그네, 미끄럼틀, 철봉, 모래판을 갖추고 있어야 한다.' 그리고 2000년대 들어서는 안전과 위생 문제가 대두되면서 모래가 고무 소재의 바닥으로 바뀌었다. 형식승인을 쉽게 받기 위한 놀이시설을 공급하는 업체에 의해 설계라기보다는 찍어내듯이 만들어진 것이 오늘날의 놀이터다. 이러한 공간에서 아이들의 창의력이 커질 리는 만무하다.

창신·숭인 일대는 낙산 자락에 있는 성 밖 마을이다. 일제강점기에는 채석장이 자리 잡아 자연경관이 훼손됐고, 전쟁 이후에는 봉제공장들이 들어서면서 노동자들의 삶의 터전이 됐

아이들 스스로 창의적인 놀이를 만들어내는 산마루 놀이터

다. 한때 국내 봉제산업 1번지였지만, 세월이 흐르면서 소위 '달동네'라 불리는 낙후된 지역이 됐다. 지난 2018년, 이곳 공용 주차장이 있던 자리에 산마루 놀이터가 설계 공모를 통해 만들어졌다. 예술가 임옥상 선생과 공동으로 설계한 이 놀이터의 특징은 미끄럼틀, 시소 등 흔한 놀이기구를 전혀 두지 않는 대신 흙, 모래 등을 만지며 놀 수 있는 다양한 틈들을 가지고 있다는 것이다.

우리 사회가 숨 가쁘게 헤쳐온 지난 근대화 시절 창신동 골목을 가득 채운 건 재봉틀 소리다. 우리 어머니들은 오른손 검지에 낀 골무가 낡도록 바느질을 해가며 자식들을 키워냈다. 그래서 산마루 놀이터에는 골무 모양의 구조물이 거대한 정글짐과 어린이 도서관을 품고 있다. 책을 읽는 공간뿐 아니라 아이들의 작품 전시회, 학습 발표 등 다양한 행사 공간으로도 활용할 수 있다. 놀이와 학습에 경계를 두지 않고, 이 둘을 서로 연속된 것으로 느낄 수 있도록 한 것이다. 또 입구에는 이런 놀이터 사용법이 적혀 있기도 하다. '작게, 자주 다쳐야 크게 안 다친다. 아이들이 놀다가 다치는 것은 피할 수 없는 일이다.'

아직도 우리 도시는 아이들의 눈높이에서 모든 것이 딱딱하기만 하다. 이들의 주체성과 상상력을 최대한으로 살릴 수 있는 다양한 '틈'에 대한 시도가 더욱 다양하게 펼쳐지길 기대한다.

공간은 '관계 짓기를 위한 틈'을 말한다.
어떻게 보면 인생이란
이 중요한 '틈'들을
얼마나 의미 있게 채우며 살아갈지의
문제이기도 하다.

## 세월을 바르고 시간으로 완성시키다

　인간의 노화와 마찬가지로 건축은 완성된 순간 절정을 맞이하고 시간의 흐름에 따른 풍화작용으로 퇴화해 결국 소멸에 이른다. 오랜 세월 비바람에 의해 건축물은 점차 침식되고, 그 위에 공기 중의 오염물이 층층이 집적된다. 한편 이러한 빼기(침식)와 더하기(오염)는 모두 그 건축물에 새겨진 소중한 삶의 흔적이기도 하다. 그런 의미에서 '건축은 마감으로 완성되나 시간은 다시 건축물을 마감하기 시작한다'고 말할 수 있다.

　그래서 내외부의 재료 마감을 건축물 완성의 최종단계로 보는 것은 잘못된 시각이다. 건축학자 모센 모스타파비에 따르면 건물을 사용하기 시작함에 따라 시작되는 다양한 풍화작용에 의한 끝없는 노화와 변화가, 실은 건축의 새로운 시작이다. 아예 이러한 관점에서 설계된 건축물도 있다.

　건축가 마르셀 브로이어Marcel Breuer*가 1957년에 네덜란드 로테르담의 중심에 만든 바이엔코르프De Bijenkorf 백화점이 대표적이다. 이 건물은 트래버틴이라는 석회암으로 만든, 심심

하리만큼 단순한 박스 형태의 상업건축물이다. 바실리 체어와 뉴욕의 휘트니 미술관 등 조형적 개성이 강한 브로이어의 작품이라고 하기에 처음 접한 완공 시점의 사진은 너무나 단조로운 인상이었다. 그러나 수년 전 현지에서 우연히 마주친 이 건축의 존재감은 경이로웠다.

외관의 트래버틴 석재는 건축사적으로 로마 시대부터 널리 활용되어 왔다. 강도와 내구성이 우수한 반면 공기 중의 먼지들이 쉽게 거친 표면에 부착해 검은 얼룩이 생기는 특징이 있다. 브로이어는 반대로 이러한 재료가 지닌 노화의 특성을 의도적으로 활용한 것이다. 육각형 석재판의 일부분을 서로 다른 방향, 다른 깊이로 긁어내어 홈을 만들고 그 부분에 오염을 집중시켰다. 그럼으로써 비교적 덜 오염되는 나머지 부분들과 대조되며 시간이 만든 패턴이 건축가가 만든 육각형의 패턴과 중첩되며 오묘한 표정의 깊이를 가지게 된 것이다. 완성으로부터 반세기가 넘는 시간이 흐른 후 비로소 건축가의 의도를 명확히 읽을 수 있게 된 것이다.

비단 이러한 풍화, 노화에 대한 생각이 건축의 외관과 같은 표피적인 요소에만 국한되는 건 아니다. 그 속에 담기는 사회적 제도, 사람들의 생활방식, 시대의 가치, 용도 등 다양한 유무형의 것들이 포함된다. 1950년대 일본에서 시작된 메타볼리즘 건

시간이 만든 패턴을 지니고 있는 바이엔코르프 백화점

축은 시간의 흐름에 따른 여러 가지 변화에 대한 가변성이 주제
였다. 건축은 기능에 따라 형태를 결정하는 모더니즘의 원칙적
속박에서 벗어나 하나의 생명체처럼 스스로 '성장'하고 '변화'할
수 있어야 한다. 형태가 기능을 따른다는 근대주의의 원칙에는
건물에 명확한 기능이 존재한다는 사고가 전제되어 있다. 하지
만 변화의 속도가 점점 가속화되고, 도시가 급격하게 팽창하는
현대 도시에서 건축은 그러한 속도에 조응하여 변화하고 적응
해야 한다.

이런 사고를 바탕으로 건축가 이소자키 아라타**는 나무
의 기둥과 같이 거대한 수직 구조체에 나뭇가지와 같이 수평적
으로 성장하는 공간들을 만들었다. 수직 기둥은 주요 구조부로
서 엘리베이터나 설비적 요소가 포함되고, 수평 셀들은 집이나
학교, 사무실과 같은 생활 공간들이 교체 가능한 모듈로서 증
식된다. 이렇듯 종래에 땅의 제약을 극복하고 입체적으로 성
장·변화할 건축 공간은 20세기 후반의 급격한 사회·경제적 성
장에 유연하게 적응할 수 있는 새로운 도시구조에 대한 획기적
인 사고다.

나는 건축물이 사진처럼 특정 순간 동결 보존된 상태를 진
정한 의미의 완성이라고 보지 않는다. 오히려 시간이 흐름에 따
라 피할 수 없는 변화들을 슬기롭게 받아들여야 한다. 그것들이

더욱 본연의 의미를 풍성하게 만드는 과정이기 때문이다. 마흔이 지나면 자기 얼굴에 책임을 져야 한다는 링컨의 말은 건축에서도 마찬가지다. 좋은 건축은 세월을 받아들이고 시간으로 비로소 완성된다.

우리의 전통 건축물들이 극도로 단순한 공간과 재료를 통해서도 풍부한 공간감과 다양한 표정을 가질 수 있었던 이유는 바로 그 안에 시간을 담고 있기 때문이다. 빛과 어둠, 바람과 소리, 사계의 다양한 변화를 담기 위해 선조들은 일견 단순함을 통해 풍부함을 꾀하였다. 좋은 건축가는 그 건축이 견뎌야 하는 시간을 잴 수 있는 지혜를 가져야 한다. 그런 지혜를 담은 건축은 시간이 흐를수록 빛을 발한다. 생명력 있는 건축은 공사의 완성이 아니라 머무는 사람의 시간이 만든다.

사회 변화에 유연하게 적용이 가능한 새로운 도시구조를 제안한 이소자키 아라타

＊**마르셀 브로이어**Marcel Breuer: 헝가리 출신의 미국 건축가로 바우하우스에서 교육을 받았다. 바우하우스의 교장이었던 그로피우스의 초청으로 나치의 압박을 피해 미국으로 이주하여 1937년부터 하버드대학의 건축학과 교수로 재직한다. 뉴욕의 휘트니 뮤지엄, 파리 유네스코 본부, 세인트 존 교회 등의 대표작이 있다. 그의 건축은 거친 콘크리트 구조체를 표현 기반으로 한다. 건축뿐만 아니라 바실리 체어와 같이 극도로 우아한 가구도 디자인하였다.

＊＊**이소자키 아라타**: 1931년 규슈에서 태어나 1954년 도쿄대학 건축과를 졸업한 뒤, 일본 현대건축의 1세대 거장 단게 겐조의 사무실에서 실무를 쌓았다. 이후 1963년 본인의 이름을 건 건축사무소를 세운 뒤로 중국, 미국, 파리, 바르셀로나 등에 스튜디오를 두고 세계 각지에 수많은 작품을 설계했다. 2019년 프리츠커상 수상자이며 중요한 국제 설계 공모전의 심사위원으로 자하 하디드나 렘 콜하스처럼 재능 있는 건축가를 발굴하여 이끌었다.

빛과 어둠, 바람과 소리,
사계의 풍성한 변화를 담기 위해 선조들은
일견 단순함을 통해 풍부함을 꾀하였다.
건축가는 그 건축이 담을 수 있고,
견뎌야 하는 시간을 잴 수 있는
지혜를 가져야 한다.
그런 지혜를 담은 건축은
시간이 지날수록 빛을 발한다.
생명력 있는 건축은 공사의 끝이 아니라
머무는 사람의 시간이 만들어내는 것이다.

## 프랑스 건축법 1조 '건축은 문화의 표현이다'

건축은 단순히 콘크리트와 벽돌로 된 구조물이 아니며, 도시는 길과 건물들의 단순한 집합체가 아니다. 그것은 인간의 역사이자 과거와 현재의 비밀이 담긴 책이며, 그 속에 영위된 오랜 삶들이 층층이 쌓인 드라마다. 도시의 매력은 오랜 시간 동안 공동체의 고유한 기억들이 도시 곳곳의 장소와 건축물에 축적되어 나타나는 고유의 정체성이기도 하다. 그런 의미에서 장소와 건축은 어떤 매체나 형식을 능가하는 기억의 저장고일 뿐 아니라 끊임없이 미래를 재생산하는 기억 그 자체다.

파리의 노트르담 대성당 일부가 화재로 사라졌을 때 전 세계인이 애달파하며 안타까움과 슬픔을 표한 것은 그것이 그곳에 축적된 인류 역사의 무수한 기억들이 연기와 함께 사라지는 광경이기도 하였기 때문이다. 다행히 지붕과 인상적인 첨탑을 제외하고는 대부분 무사하였다. 실측한 기록물을 토대로 다시 원형을 재건하여 잃어버린 영광과 추억을 회복하는 것은 단순히 시간 문제처럼 보였다. 하지만 에두아르 필립 프랑스 총리는 각료회의를 거친 후 과거를 복제하기보다는 '현시대의 기술과 정신에 들어맞는 새로운' 지붕과 첨탑을 만들기 위한 설계를 국제 현상공모에 부치겠다고 선언함으로써 세계를 다시 한번 놀라게 하였다.

비슷한 예로 파리 남서쪽, 차로 약 2시간 거리에는 13세기에 지어진 크고 아름다운 샤르트르 대성당Cathedrale Notre-Dame de Chartres이 있다. 19세기 초반 지붕을 받치고 있던 목재 구조물이 화재로 소실되었고 이들은 당대의 가장 진보한 기술인 강철 구조 방식으로 유럽에서 제일 가볍고 큰 천장을 만들어 과거 유산을 보존함으로써 200년이 흐른 오늘날에도 아름답게 도시를 빛내고 있다. 그들에게 복원이란 일차원적 원형의 재현이 아닌, 대상의 현재 의미를 되살려 새로운 가치를 획득하고 오래된 가치와 지혜롭게 공존하도록 만드는 것이기 때문이다. 새로움을 통해 과거를 포용하면서 미래를 향해 나아가고자 하는 혁신적인 발상 자체가 건축에 있어서 프랑스의 고유한 전통이 아닐까 생각한다.

사실 경주의 불국사는 신라시대 건물이 아니다. 1970년 복원 당시 신라시대의 가구 양식에 대한 자료가 부족하여 고려시대와 조선시대 양식을 혼용해 복원됐기 때문이다. 이처럼 우리가 '원형'이라고 생각하는 복원 문화재는 사실 원형과 거리가 멀다. 그럼에도 우리는 이러한 진정성 없는 건축물의 복원을 당연한 듯 바라보고 있다.

그리스의 파르테논 신전을 떠올려 보자. 세월의 풍파를 고스란히 담아 뼈대만 앙상한 모습으로 세월을 담고 있다. 건축양식은 물론 건축물의 재료까지 대부분 확인할 수 있음에도 그들은 복원하지 않고 있는 것이다. 진성성 없이 복원된 건물이 자칫 잘못하면 후대에 왜곡된 역사 인식을 만들어낼 수 있다는 것을 그들은 이미 오래전에 터득했기 때문이다. 건축물의 터 자체가 상상력을 불러일으키고 역사를 기억해 온 장소라는 점도 중요하다. 장소 자체가 중요한 역사성과 강력한 기억의 촉매로 작용하므로 어설픈 복원은 이러한 역사의 훼손이 될 수밖에 없다.

기념건조물과 유적지의 보존과 복원을 위한 국제 헌장인 〈베니스 헌장〉에는 '추정이 시작되는 순간 복원은 멈춰야 하며, 불가피한 변화의 경우 그 흔적을 남겨야 한다'고 나와 있다. 우리나라 문화재청에서 2009년 정리한 〈역사적 건축물과 유적의 수리복원 및 관리에 관한 일반원칙〉에도 '복원은 고증에 의해, 충분하고 직접적인 증거를 통해 역사·문화적 가치를 회복할 수 있는 경우에 가능하다'고 규정하고 있다. 문화재와 관련된 기본 원칙들은 '복원이 반드시 행해져야 하는 것이 아니'라고 말하고 있는 것이다. 손대지 않느니만 못한 문화유산의 날림 복원이 일상다반사가 된 우리와는 달리 이들의 과감한 복원에 대한 태도는 어디서 비롯된 것일까?

우리나라 건축법을 한번 살펴보자. 건축에 대해 '건축이란 건축물을 신축, 증축, 개축, 재축하거나 건축물을 이전하는 것을 말한다'고 규정하고 있다. 하지만 프랑스 건축법 제1조는 다음과 같이 시작한다.

'건축은 문화의 표현이다. 건축적 창조성, 건물의 품격, 주변 환경과의 조화, 자연적 경관, 도시환경 및 건축 유산의 존중은 공공의 이익을 위한 것이다.'

건축은 단순히 콘크리트와
벽돌로 된 구조물이 아니며,
도시는 길과 건물들의 단순한
집합체가 아니다.
그것은 인간의 역사이자 과거와 현재의
비밀이 담긴 책이며,
그 속에 영위된 오랜 삶들이
층층이 쌓인 드라마다.

# PART 2.

# 우리가 그 도시를
# 사랑한 이유

## 모두의 도시

만약 당신이 교도소를 설계하는 임무를 부여받은 건축가가 되었다고 가정하자. 우선 당신은 감옥이 수행할 기능을 결정해야 할 것이다. 그것이 범죄자를 벌주기 위한 장소인지, 사회에 동화되지 못할 그들이 악한 일을 못 하게 격리하는 장소인지, 나쁜 사람들을 교화하여 구제하는 장소인지 정해야 한다. 물론 이 결정에 따라 교도소는 전혀 다른 모습으로 설계될 것이다. 첫 번째가 목적이라면 냉혹한 지하 감옥과 같은 설계일 것이고, 두 번째가 목적이라면 철조망으로 둘러싸인 견고한 창고처럼 설계될 것이다. 반면에 세 번째가 목적이라면 교도소는 자연 속 요양소와 같이 설계될 것이다. 당신의 결정은 건물이 완성된 후, 오랜 세월에 걸쳐 교도관뿐 아니라 수천 명에 달하는 죄인을 인간적으로 더 좋게, 혹은 더 나쁘게 하는 데 지대한 영향을 미칠 것이다.

건축가는 건축물을 만드는 과정에서 사용자의 요구사항뿐만 아니라, 한편으로 그 시대와 사회를 보아야 한다. 건축가의 설계 행위에는 변호사가 지녀야 할 사회정의나 의사의 생명에 대한 윤리의식과 맞먹는 공공적 가치가 있다. 건축가는 건축주를 위해 일하지만, 동시에 사회와 시민을 위해서도 일해야 한다. 왜냐하면, 건축주가 자기 재산으로 개인의 건물을 짓는다 해도 행인이나 그것을 이용하는 다수의 사람들도 그 공간에 의해 영향을 받을 수밖에 없기 때문이다. 따라서 좋은 건축은 집주인뿐만 아니라 공공의 이익도 만들어낼 수 있어야 한다.

"우리는 건축물을 만들지만, 다시 그 건축물이 우리를 만든다."

윈스턴 처칠이 1943년 10월, 폭격으로 폐허가 된 영국의회 의사당을 다시 지을 것을 약속하며 행한 연설의 한 부분이다. 건축과 우리 삶의 관계를 이보다 더 정확하게 표현한 말은 없다. 건축은 우리의 생활과 주변과의 관계, 나아가 생각하는 방식 전반을 바꾼다. 좋은 건축 속에서 살면 좋은 사람이 되기 마련이고 좋은 도시공간에서 살면 보다 공감하며 소통하는 개방적 사회의 구성원이 되기 마련이다.

## 건축가 없는 건축, 족보 없는 건축은 위대하다

잉카제국의 수도였던 페루의 쿠스코와 마추픽추 사이의 모라이라는 곳에 크고 작은 4개의 원형극장으로 이루어진 기념비적인 유적이 있다. 이 원형극장은 시간이 흘러 일부가 풍화되고 다랑이 밭으로 변용되었음에도 비교적 처음 느낌을 그대로 간직하고 있다.

가장 중심부의 극장은 무려 6만 명의 관객을 수용하도록 설계되어 있으며 가장 아랫부분인 무대는 신기하게도 그리스 원형극장의 그것과 크기가 일치한다. 또 계단식 관람석에는 30cm 관경의 수로가 하단 무대까지 매입되어 있다. 건기에는 주변 산봉우리의 용천수를 극장으로 유입시켜 활용하고 우기에는 배수로 역할을 했던 것이다. 놀랍게도 극장의 구심점인 무대 바닥은 땅속으로 물 빠짐이 좋게 만들어져 아무리 많은 비가 내려도 물이 고이지 않는다. 극장의 깊이는 150m로 해발고도 3,500m의 고지대에 위치해있다. 그래서 이곳은 바람과 햇볕의 영향으로 인해 주변보다 5~10도가량 따뜻하다고 한다. 잉카시대에는 이 온도차를 이용해 감자를 비롯하여 다양한 작물들을 재배하고 실험한 것으로도 추정하고 있다. 아쉽게도 여기서 당시 어떤 공연이나 의식이 이루어졌는지에 대한 기록은 남아 있지 않다. 하지만 움푹 파인 지형을 최소한의 개입을 통해 생산활동뿐 아니라 공동체의 지적 향연과 배움의 중심공간으로 만든 것은 실로 감탄할 만한 건축적 성취이다.

중국의 이야기도 빠질 수 없는데, 공중에서 바라볼 때 건물은 없고 무수한 구멍만 보이는 중국 황토고원의 집락은 그 독특한 주거 풍경으로 유명하다. '야오동窯洞'이라 불리는 이러한 건축은 땅을 파서 지하 마당을 만들고, 이 마당을 중심으로 주거공간을 구성하는 특이한 방식이다. 마당은 하늘을 향해 열려있고 크기는 한 면이 9m에서 12m 정도이다. 각 마당에 접하여 옆으로 토굴을 또다시 파고 그 속에 생활에 필요한 방들을 만든다. 마당을 크게 하여 대가족이 거주하거나 지하 통로를 연결하여 10채의 다세대 집합주택을 만들기도 한다. 이러한 지하 중정의 건축은 공간 배열에 있어서 그들 고유의 주거관이 반영된 사합원(중국 허베이, 베이징의 전통적인 건축양식으로, 가운데에 있는 마당을 담장과 건물이 사각형으로 둘러싼 형태) 배열을 그대로 유지하고 있음도 특징적이다.

황토고원의 야오동은 동서로 2,000km, 남북으로 800km에 걸쳐 자리 잡고 있으며 1981년 조사에 따르면 무려 4,000만의 인구가 이곳에 거주하는 것으로 파악되었다. 이 지역은 겨울이 무척 길고 여름에만 집중적으로 비가 내린다. 건조하며 황사가 심하고 나무가 귀하다. 춘추전국시대부터 명, 청대에 이르기까지 끊임없는 전쟁과 약탈을 피해 비교적 안전한 주변의 황토지대로 인구가 유입된 것이다. 당시 이들에게 일반적인 목조 주택을 만들기 위한 나무의 조달은 거의 불가능하였고, 황토지대에서 돌을 구하는 것 또한 쉽지 않았을 것이다. 차선으로 햇빛에 말린 벽돌을 생각했을 수 있겠으나 한여름에 지속적인 폭우를 견디기는 어려웠을 것이다. 그래서 결국 자연 그대로의 황토를 파서 공간을 만든 것이다. 이로써 자재비를 전혀 들이지 않았고, 특별한 장비나 기술에 의존할 필요도 없었다. 흙이라는 재료가 지닌 뛰어난 단열성으로 기나긴 겨울 또한 따뜻하게 보낼 수 있었다. 반대로 여름은 시원하고 곤충들의 습격으로부터도 안전히였다.

이러한 동굴 주택은 기후 조건에 순응하며 조달 가능한 현지 재료의 특성을 극대화한 슬기로운 건축이다. 동굴 주택을 만들기 위해서는 인력으로 한 삽 한 삽 파내고 최소 3달 정도 흙을 건조하는 시간을 두어야 한다. 한 번에 완성되는 방식이 아니라 서서히 단계적으로 빚어 만드는 방식인 것이다. 한 채가 완성되기까지 적게는 1년에서 길게는 3년이 소요되어, 실로 시간과 정성이 수반되는 작업이기도 하다.

지형을 존중하며 생산과 의식의 공간을 만든 경이로운 모라이 유적(위)과
황토고원의 독특한 주거 풍경으로 유명한 중국의 야오동(아래)

많은 악조건과 제약들을 받아들이며 본연에 충실한 토속 건축은 기성 건축에서 찾아볼 수 없는 기발함과 풍요로움을 가진다. 이렇게 땅을 파서 만든 주거 공간은 중국뿐 아니라 스페인, 터키, 탄자니아에도 존재한다. 평지가 아닌 언덕의 단차를 활용한 그리스 산토리니의 눈부시게 새하얀 집들도 내부에 땅을 파서 만든 방들이 있다. 지하주거라는 양식은 인류가 다양한 문화적 배경 속에서 공시적으로 선택한 것이다. 지하 건축은 빛이 드는 중정에서부터 완벽히 어두운 방까지 깊어지는 조도의 분포만큼이나 우리 영혼이 감응하는 깊이가 있다. 이뿐만 아니라 고유의 습도와 흙냄새 또한 인간의 상상력을 자극하는 매력적 요소이다.

　　1964년, 뉴욕의 현대 미술관에서 건축가 버나드 루도프스키Bernard Rudofsky에 의해 '건축가 없는 건축-족보 없는 건축의 간략한 소개'라는 특이한 이름의 전시가 개최되었다. 앞의 원형극장을 포함하여 건축가의 이름조차 알 수 없는 세계의 토속 건축물 사진들로 구성된 전시는 당시 주류였던 국제주의 양식에 정면으로 이의를 제기하여 신선한 충격을 주었다. 그가 보여준 변방의 토속 건축은 근대건축이 망각했던 건축의 지혜, 상상치도 못했던 문제 해결 방식, 원초적 아름다움으로 큰 울림을 주었다.

루도프스키는 지켜야 할 규범이나 양식으로부터 자유로웠던 토속 건축이 결코 열등하지 않으며, 오히려 주변 환경에 조화되고 인간 친화적이며 풍요롭기까지 하다고 역설했다. 토속 건축은 규범에 구속되지 않고 본연에 충실할 수밖에 없으니 기성 건축에서 찾아볼 수 없는 기발한 해법을 낳았다. 지역의 한정된 자원과 기법은 제약인 동시에 고급 건축에선 찾기 힘든 생동감과 진솔함을 만든다. 우리도 마찬가지다. 주변과 타자의 가치에 자신을 억지로 끼워 맞추며 살기보다는 현실을 직시하고 묵묵히 무언가를 끝까지 밀고 나갈 때 비로소 생동감 넘치고 개성 있는 자아가 만들어진다.

지하 건축은 빛이 드는 중정에서부터
완벽히 어두운 방까지 깊어지는
조도의 분포만큼이나 우리 영혼이
감응하는 깊이가 있다.
이뿐만 아니라 고유의 습도와
흙냄새 또한 인간의 상상력을 자극하는
매력적 요소이다.

## 오사카의 상징 '도시의 큰 나무 프로젝트'가 놓친 것

본래 건축은 자연을 불가피하게 파괴하는 행위에서 출발한다. 어떠한 형태로든 거기에 존재하는 자연을 훼손하여 인공적인 환경을 만드는 것이 바로 건축이다. 고대 인류에게 자연이란 원래 신성한 존재이자 숭배의 대상이었다. 새로운 공간을 창조함으로써 얻는 성취감이나 황홀감과는 상반되는 자연에 대한 두려움과 죄책감을 인간은 산 제물을 바치는 의식을 통해 해소하였다. 그리고 자연을 대체하여 만들어진 건축은 자연의 비례를 모방하여 디자인되고 또 자연을 모티브로 하는 다양한 장식들로 채워지게 되었다.

고대 신전의 기둥은 나무를 의미한다. 그리고 그것들은 도리스·이오니아·코린트 양식*이라 불리는 다른 형태의 잎사귀들로 꾸며졌다. 19세기 유행한 아르누보는 자연을 주제로 다양한 식물의 형태와 선을 모방하였다. 이후 20세기에도 유기적 건축**, 메타볼리즘 건축이라 불리는 디자인이 이어졌다. 이는 자연의 유기적 특성을 시각화한 디자인이다. 20세기의 대표적 주택 걸작인 판스워스 하우스와 낙수장은 자연에 건축을 종속시키기 위한 시도였다. 그리고 70년대부터는 상업 시설의 입구에 아트리움atrium이라는 뻥 뚫린 대공간이 출현하고 그 안에는 빠짐없이 다양한 종류의 식물들이 자리하게 되었다. 이러한 공간은 식물이라는 산 재물을 신에게 바치기 위한 제단을 연상시킨다. 이렇듯 건축 속의 식물은 항상 건물이라는 원죄를 씻기 위한 최적의 도구였다.

이후 21세기에 들어선 건축은 보다 드러내놓고 자연으로 위장한다. 지붕에 풀을 심는 것에 더해 벽면 자체가 거대한 수직 정원이 되기도 한다. 이렇듯 100m가 넘는 마천루 꼭대기까지 예외 없이 나무로 채워지는 것은 뜬금없기도 하지만 자연에 대한 예의도 아니다. 이러한 위장을 통해 건물은 생태적이고 친환경적인 건물로 포장된다. 한편 유서 깊은 위장술보다 한 단계 더 나아간 방식도 있다. 그것은 각종 에너지 기준을 수치화해서 보다 기밀성에 치중함으로써 폐쇄적인 공간을 민들이 친환경적이라 하고, 태양광 패널의 개수가 건물의 지속가능성에 정비례한다고 말하는 반쪽짜리 논리이다.

현존하는 가장 오래된 건축이론서인 《건축십서》에서는 건물을 비롯하여 도시의 설계에 이르기까지 햇볕, 공기, 물과 같은 자연요소의 총체적 조화를 통한 건축의 원칙들을 역설하고 있다. 우리의 전통건축에서도 자연과의 조화는 늘 기본적인 요소였던 것이다. 대표적으로 한양은 산과 강의 질서에 따라 순응하는 방식으로 만들어졌다. 위대한 건축가이자 발명가인 버크민스터 풀러Buckminster Fuller***는 '환경이나 에너지의 위기는 존재하지 않는다. 다만 무지로 인한 위기가 있을 뿐이다'라는 말을 남기기도 했다. 그는 범지구적 차원에서 자원의 네트워크화를 통해 한정된 자원의 불균등한 분배와 낭비를 해결하고자 하였다.

이렇듯 선인들이 총체성에 관해 큰 법칙을 세운 것과는 반대로 오늘날 우리는 어떻게든 미시적 차원에 함몰되어 친환경의 껍데기를 씌우는 것에 보다 많은 시간과 자원을 소비하는 듯하다. 인류는 점점 더 환경에 관심을 가지고 있지만 역설적으로 그에 대처하는 수단이 점점 더 지엽적 차원으로 향하고 있음은 아이러니하다.


2013년, 일본 오사카 중심부에 빼곡히 들어선 고층 빌딩 숲을 지나던 시민들은 갑자기 바뀐 도시의 풍경에 감탄과 함께 환호를 보냈다. 오랜 세월 도심을 답답하게 채웠던 거대한 30층 높이 빌딩 1층에서 6층까지가 벽면 녹화를 통해 녹음이 풍성한 자연으로 변모했기 때문이다. 오사카가 배출한 세계적 건축가 안도 타다오의 아이디어였다. 이것이 바로 지역의 새로운 상징

코린트 양식의 기둥과 자연을 주제로 한 아르누보, 아트리움 공간(시계방향으로)

이자 자부심이 된 도시의 큰 나무 프로젝트다. 흥미로운 점은 극히 일부를 제외하고 녹음의 대부분이 플라스틱 조화였다는 사실이다. 벽면 녹화라는 프로젝트의 특성상 성장하는 데 시간이 걸리는 넝쿨 식물 위주로 조성이 되었고, 시민들의 관심을 끌기 위한 초기효과에 중점을 둔 것이리라. 워낙 정교하게 만든 탓에 시민들 모두 속아 넘어갔지만 몇몇 전문가들에 의해 조화임이 밝혀졌고 이내 시민들은 크게 분노했다. 시민들은 블로그와 편지로 가짜 자연을 성토했고, 공공 토론회를 벌이고, 철거 요구 소송까지 벌였다.

이 불편한 아름다움이 위험한 것은 '녹화'의 의미가 녹색을 칠하기만 해도 사회적으로 인정된다는 것에 대한 우려, 어린이들에게 심어질지 모를 자연의 본성에 대한 잘못된 인식, 자연과 시민에 대한 모욕, 그리고 플라스틱 처리 과정에서 발생하는 환경적 부담 때문이다. 오사카의 자부심에서 수치로 전락한 위장 녹화는 6년의 시간이 흐른 지금, 절반이 풍화로 인해 사라졌다. 반면 넝쿨 식물은 상부의 조화에 막혀서 타고 오르는 속도가 더디다. 애초 계획대로라면 10년 후엔 30층 건물 꼭대기까지 자연으로 덮이는 구상을 했으나 지금으로선 불가능해 보인다. 자연과 인공, 어느 쪽도 이득을 취하지 못한 것이다.

얼마 전 길을 지나다 근래 조성된 서울 성동구 옥수역 고가 하부에서 비슷한 광경을 보았다. 이곳은 어느 순간 원래 있던 자연은 사라지고 해괴망측한 LED 조명이 들어간 장미 조화로 빼곡히 채워져 있었다. 반음지라 식생의 성장이 느리고 관리에 정성이 많이 필요한 곳인데 일본의 사례처럼 정치적 '전시효과'를 재현한 것이다. 그 광경에 씁쓸함을 삼키던 중 흥미로운 것을 발견했다. 누가 심지도 않았는데 조화의 2배 높이만큼 우뚝 자란 개망초와 그 틈틈이로 기지개를 켜는 민들레를 보게 된 것이다. 하찮은 들꽃임에도 자연이 스스로의 존재를 증명한 것이리라. 가짜들 무리 속에서 보여준 자연의 눈부신 생명력은 경이로웠다. 역시나 분칠이나 화장으로 만들어진 가짜 속에서 진정한 우리 삶의 의미를 찾기는 불가능하다.

건물 벽면의 녹화를 계획한 '도시의 큰 나무' 프로젝트(위)와
조화의 2배 높이만큼 자란 옥수역고가하부의 야생화(아래)

＊도리스·이오니아·코린트 양식: 그리스 시대에 널리 쓰인 3가지 기둥 양식을 일컫는 말이다. 도리스 양식은 그리스 본토에서 발생한 것으로, 단순하고도 장중한 느낌을 준다. 이오니아 양식은 식민지인 이오니아 지방에서 창안된 것으로, 우아하고 경쾌하며 유연한 인상을 준다. 그 후에 발달한 코린트 양식은 이오니아 양식과 거의 같으나 상부가 보다 적극적으로 장식된 것이 다르다. 각각의 양식들은 건축물의 성격을 구분 짓는 요소로 사용되었다.

＊＊유기적 건축: 근대 건축의 한 경향으로 기능주의 건축에 비해 자연과 인간에게 보다 밀접하게 조화된 형태나 공간을 추구하는 건축이다. 주로 미국의 건축가 루이스 설리번, 프랭크 로이드 라이트에 의해 주장되었다. 산업주의 혹은 경제주의, 또는 기계론적인 근대주의에 바탕한 기술편중의 건축양식에 반해 보다 풍부한 예술성, 철학성, 환경과의 조화를 건축의 기본으로 간주한다.

＊＊＊버크민스터 풀러Buckminster Fuller: 미국의 저명한 발명가, 엔지니어, 건축가이다. 매사추세츠주 밀턴에서 태어나 하버드대학 중퇴 후, 해군 해병학교에서 수학했다. 대량 생산형 주택 다이맥시언 하우스Dymaxion House를 발표해서 세계의 주목을 받았다. 이후 삼각형을 짝지어 최소한의 부재로 최대한의 공간을 형성하는 지오데식 돔Geodesic dome을 발명했다. 몬트리올 만국박람회 미국관의 돔도 설계했다. 에너지와 환경문제에도 깊은 관심을 갖고 많은 저술을 남겼다. 흔히 말하는 의미의 건축가는 아니지만 그 독창적 발상으로 후 세대에게 큰 영향을 주었다.

본래 건축은 자연을 불가피하게
파고하는 행위에서 출발한다.
어떠한 형태로든 거기에 존재하는
자연을 훼손하여 인공적인 환경을
만드는 것이 바로 건축이다.

## 완벽한 계획이 초래한 재앙

1972년 7월 15일 오후 3시 32분, 미국 세인트루이스의 멀쩡한 대형 아파트단지 프루이트 아이고는 다이너마이트 폭파음과 함께 한순간에 먼지 속으로 사라졌다.

세인트루이스의 도시화가 가속화되고 인구 유입이 늘면서 남부지방에서 세인트루이스로 올라온 이주민들에게는 직장에서 가까운 도심의 거주지가 필요했다. 그러나 그곳에 거주지는 고급주택 외에 슬럼가밖에는 없는 상태였고, 주정부는 슬럼가를 밀어버리고 새로운 주택단지를 짓기로 결심한다.

그렇게 1951년의 현상설계에서 지금은 사라진 뉴욕의 무역센터를 설계한 미노루 야마사키*의 안이 당선되고, 1954년에 주택단지는 완공되었다. 33개 동의 11층 공공아파트에는 2,762세대, 1만 2,000여 명의 주민이 이주하기로 계획되었다. 르 코르뷔지에 도시계획의 연장선으로, 이 단지는 모더니즘의 정상이자 주택단지 설계의 새로운 장을 열었다는 평을 받았다. 사회학자와 심리학자의 협업을 통해 모든 것이 치밀하게 설계된 이 단지는 미국건축가 협회의 상을 받으며 그 화려한 역사를 시작했다. 건물들을 질서 정연하게 배열하고 단지 내부를 기능과 효율에 따라 세밀하게 구획하였다.

그러나 칼로 자른 듯 과도한 질서는 거주민을 은연중 억압하고 분절시켜 갈등을 유발하였고 결국 단지 전체가 인종차별과 각종 범죄의 소굴이 되고 만다. 자연스레 빈집이 늘어갔고, 유리창은 깨진 채로 방치되었으며 엘리베이터는 운행을 멈추었다. 보다 못한 당국은 마침내 단지를 폭파시키고 공원으로 만들었다. 후에 건축역사가 찰스 젠크스Charles Jencks**에 의해 이 사건은 '모더니즘의 종식'으로 정의된다. 하지만 하나의 시대를 끝내고, 다른 사상을 탄생시킨 건축으로서 프루이트 아이고는 끊임없이 사람들의 입에 오르내리며 어떤 의미로는 불멸의 건축이 되었다.

한편, 베네수엘라의 수도 카라카스에는 '다비드 타워'라는 짓다 만 45층짜리 고층건물이 있다. 1993년에 개발자가 사망하고 거기에 지역 경제 또한 붕괴되면서 이 건물은 뼈대만 완성된 시점에 영구히 공사가 중단되었다. 그러나 지속된 불황으로 살 곳을 잃어버린 사람들이 하나둘 10여 년간 방치된 다비드 타워에 모여드는 현상이 벌어진다. 그곳은 현재 750세대 넘는 가구가 불법 거주하며 세계 최고층의 '수직형 빈민가'라 불린다.

한순간에 먼지 속으로 사라진 프루이트 아이고

초기에 임시거처로 텐트를 치고 살아가던 사람들은 필요에 의해 점차 건물을 변형시켰다. 비바람을 막고, 옆집과의 사생활 보호를 위해 각자 공수한 다양한 자재들로 외벽과 방을 만들며 뼈대뿐인 사무실 건물을 공동주택으로 완성해갔다. 이들이 채운 것은 비단 미완성 건물의 외관이 아닌 유기적이고 자율적인 공동체였다. 그들은 게시판을 통해 공지사항을 전달하고 정해진 일정에 맞춰 공용공간을 청소하기도 한다. 즉흥적이고 자발적으로 운동장, 교회, 상점 같은 공간을 만들며 건물이 마치 하나의 도시처럼 작동한다. 엘리베이터가 없어 모두가 마주칠 수밖에 없는 계단은 쉬엄쉬엄 오르내리며 이웃과의 유대감을 쌓는 가장 주요한 소통의 공간이다. 이 미완성의 탑이야말로 최소한의 느슨한 질서와 자율에 의해 공간의 형태나 그 공동체의 관계성이 끊임없이 변화하고 발전하는 '열린 건축'이라고 할 수 있다.

오늘날 대다수 도시는 풍족하고 효율적이며 갈등이 생기지 않게끔 규칙적이고 질서 있게 설계된다. 하지만 그러한 공간이 유대감을 형성하고 개인의 행복을 보장할까? 아니라고 본다. 도시사회학자 리처드 세넷Richard Sennett*** 의 말처럼 결핍과 무질서는 성숙한 도시의 필수 요소이다. 요컨대, 이는 기존의 '순수한 공간'을 '혼돈의 공간'으로 만드는 것이고, '청교도적 상태

puritanism'보다 '아나키 상태anarchism'가 건전한 것이다. 도시계획이나 경관 계획에서 우리 도시가 잊은 것은 빛뿐인 도시의 그림자다. 빛이 드리워야 그림자가 생기듯, 어둠의 저편에 밝음이 존재하듯, 창의적인 도시는 중간영역이 필요하다. 생동감 없는 도시는 이 중간영역을 읽지 못하기 때문에 생겨난다. 오히려 불완전한 것에는 받아들이는 힘이 있다.

우리가 그 도시를 사랑한 이유

세계 최고층의 수직형 빈민가라 불리는 베네수엘라의 다비드 타워

＊**미노루 야마사키:** 뉴욕의 상징이었던 무역센터를 설계한 미노루 야마사키는 미국 시애틀에서 태어난 일본인 2세였다. 대학에 들어갔으나 등록금이 없어 알래스카 연어공장에서 아르바이트를 하는 등 어렵게 공부해야 했다. 졸업 후 뉴욕의 여러 설계사무소를 거치며 일했다. 1947년 미주리주 세인트루이스에서 독립해 첫 작품으로 프루이트 아이고라는 공공아파트 단지를 설계했다. 이 아파트단지는 일본의 전통적 디자인을 반영해 모더니즘 건축의 상징이 되었으나 포스트모더니즘 건축가들의 혹평을 받았다. 결국 17년 후 그는 자신의 작품이 폭파되어 철거되는 것을 지켜봐야 했다. 그리고 그의 사후 뉴욕의 세계무역센터마저 2001년 9월 11일 알 카에다의 테러로 파괴되고 말았다.

＊＊**찰스 젠크스**Charles Jencks: 세계적인 건축 비평가이자 건축가이다. 미국 볼티모어에서 태어난 젠크스는 하버드대와 영국 런던대에서 수학하였으며 1980년대 포스트모더니즘 이론가로 명성을 떨쳤다. 대표적인 저서로 《포스트모더니즘 건축 언어》, 《비판적 모더니즘: 포스트모더니즘은 어디로 가는가?》가 있고, 대표작품으로는 미국 뉴올리언스의 이탈리아 광장, 순천의 호수정원 등이 있다.

＊＊＊**리처드 세넷**Richard Sennett: 뉴욕대와 영국 런던정경대 사회학과 교수이다. 사회학뿐 아니라 건축, 디자인, 음악, 예술, 문학, 역사, 정치 경제 이론까지 두루 막힘이 없는 그는 우아하고 생생한 글쓰기로 유명하다. 2006년에 헤겔상을 수상했으며, 2010년에는 스피노자상을 수상하였다. 1998년 독일에서 베스트셀러에 올라 '유럽에서 읽히는 미국인'이란 평을 얻은 《신자유주의와 인간성의 파괴》를 비롯해 노동사회학의 고전으로 평가받는 《계급의 숨겨진 상처》, 《불평등 사회의 인간존중》, 《뉴캐피탈리즘》 등의 저서가 있다.

창의적인 도시는
중간영역이 필요하다.
생동감 없는 도시는 이 중간영역을
읽지 못하기 때문에 생겨난다.
오히려 불완전한 것에는 받아들이는
힘이 있다.

## 땅에서 자라난 랜드마크

어떤 도시로 여행을 간 많은 사람이 방문하여 사진으로 남기거나, 돌아와서 그곳을 떠올릴 때 기억에 남는 대표적인 건축이 있다. 이렇듯 어떤 지역이나 도시를 상징하는 건축물 또는 공간을 우리는 통상 '랜드마크'라 칭한다. 그러나 원래 랜드마크의 사전적 의미는 주변 경관에서 차별화되고 멀리서도 인식할 수 있는 자연 또는 인공물로, 항해 목적의 용어였다. 랜드마크를 이러한 내비게이션에서 오늘날 도시의 아이콘으로 사용한 역사는 사실 그리 길지 않다.

1960년, 미국의 도시학자 케빈 린치Kevin Lynch가 《도시의 이미지》라는 책에서 보스턴과 로스앤젤레스와 같이 비교적 역사가 짧으며 평지가 한없이 펼쳐지는 밋밋한 도시를 분석하며 중요한 구성 요소로 삼은 것이 시초라 할 수 있다. 지금처럼 내비게이션 시스템이 정교하지 않았던 시절에 방향성을 잃어버리기 쉬웠을 것이고, 우리나라처럼 매력적인 산이나 강도 없던 터라 어떻게든 인위적인 구조물을 통해 인공적으로 만들어진 도시의 시각적 정체성을 확보할 필요가 있었을 것이다. 더불어, 지난 세기 세계화의 드센 바람 속에서 많은 도시들, 보다 정확하게는 치정자들이 도시의 브랜딩에 주목했을 것이고 랜드마크는 이러한 흐름에 기승하게 된다.

대표적인 예가 바로 스페인의 빌바오다. 쇠락한 탄광 도시였던 이곳은 스타 건축가의 미술관 하나로 이른바 관광도시가 된다. '빌바오 효과Bilbao effect'＊로 고유 명사화된 이 현상은 아직까지 많은 지자체 치정자들이 미련을 버리지 못하는 신기루다. 그들이 본 것은 관광객들이 찾아오는 찰나, 외형적 껍데기였다. 그들이 본 환상은 건물 하나만 멋지게 지으면 관광객이 쇄도하여 지역경제가 활성화된다는 지극히 단순한 현상이었다. 그래서 그들은 어떻게든 급조해서 도시마다 껍데기를 만드는 데 혈안이 되었다.


좀 더 깊은 안목으로 보면 건축물이 역사적 랜드마크로 작동하기까지 그 과정은 녹록지 않다. 파리의 에펠탑은 당시 석조 건축의 도시에서 철과 유리라는 다가올 시대, 새로운 기술의 상징이었다. 그리고 완성 이후 도시의 풍경에 동화되기까지 오랜 시간 흉물로 취급당하며 사회적인 혹평을 감내해야 했다. 바르셀로나의 사그라다 파밀리아 성당은 독특한 지역성의 건축을 표방하며 무려 100년이 넘도록 아직까지 한 조각 한 조각 정성을 담아 만드는 중이다. 정권의 임기에 맞춰 급조되는 어디의 풍토와는 도무지 맞지 않다. 빌바오나 뉴욕 하이라인의 경우, 시민과 정부, 기업이 도시 재생을 위해서 얼마나 오랫동안 치열하게 논의하고 준비하여 일관되게 실행했는지를 알아볼 수 있어야 한다. 단순히 미술관이나 공원으로 꾸며진 폐철로만 보지 말고 그것들이 가지는 주변과의 연계성을, 제반 도시구조의 개선에 들인 지속적인 노력을 들여다봐야 한다.

한편, 두바이 사막에 뜬금없이 나타난 육성급 호텔, 최고높이 마천루, 싱가포르의 마천루 호텔과 배의 형태를 한 수영장 같은 거대 자본의 과시는 반짝 미디어의 관심으로 세간의 이목을 끌었지만 이내 시들해졌다. 더 큰 자본이 더 높고 더 호사스러운 스펙터클의 건축으로 매년 갱신되면서 이전 것은 소비되고 마는 것이다. 권력이나 거대 자본을 위한 기념비적 건축은 우리 일상에 좀처럼 녹아들지 못하고 마치 영화의 세트장처럼 일상에서 표류할 뿐이다. 인위적으로 만들어 낸 랜드마크는 그 파급력이나 지속가능성이 떨어질 수밖에 없다.


우리는 랜드마크를 볼 때 그것이 가지는 그 지역의 사회문화적 맥락을 눈여겨보아야 한다. 일차적으로 특정 지역을 상징하는 공간이 되기 위해서는 미적 성취도 필요하지만 그것이 그 지역과 맺고 있는 유무형의 가치가 어떤 형식으로든 녹아 있어야 한다. 만드는 과정 또한 수직적인 일방향이 아니라 다양한 의견과 참여를 수용하는 소통과 공유의 장이 되어야 한다. 진득한 세월의 풍파를 겪고 지역의 고유한 매력을 토대로 시민들의 일상 속 무대가 되었을 때, 건축물은 자연스레 명소가 되고 상징적 장소로서 지속되는 것이다. 좋은 랜드마크는 땅에 심은 것이 아니라 땅에서 자라난 것이어야 한다. 도시의 매력은 랜드마크로 형상화되는 물리적 실체가 아니라 다양한 사건과 행위가 일어나는 집합적인 관계성에 있다.

＊**빌바오 효과**Bilbao effect: 한 도시의 특수한 건축물이 그 지역의 전반적인 관광산업이나 브랜딩 효과를 이끄는 현상으로, 스페인의 북부 소도시 빌바오에서 비롯됐다. 당시 쇠락을 거듭하던 빌바오에 스타 건축가 프랭크 게리 설계의 구겐하임 미술관이 설립되면서 관광업 호황이 이뤄졌고, 이후 스타 건축가의 세계적 주목을 받는 건축물이 도시경쟁력을 높이는 효과를 나타내는 말로 사용되기 시작했다.

진득한 세월의 풍파를 겪고
지역의 고유한 매력을 토대로
시민들의 일상 속 무대가 되었을 때,
건축물은 자연스레 명소가 되고
상징적 장소로서 지속되는 것이다.
좋은 랜드마크는 땅에 심은 것이 아니라
땅에서 자라난 것이어야 한다.

## 도시 한가운데 묘지? 성찰하는 도시, 죽음을 품다

스웨덴 스톡홀름에는 '우드랜드'라는 공원이 있다. 아름다운 풍경 속 사슴과 다람쥐가 곳곳을 뛰어다니며, 동네 사람들이 평화로이 산책 나오고, 많은 해외 관광객이 방문하는 이곳은 사실 공동묘지다. 너무 아름다운 곳이라 우리가 가진 공동묘지에 대한 선입관을 크게 뒤엎는다. 무려 유네스코 세계 근대 문화유산으로도 선정된 이 묘역은 이후 전 세계적으로 많은 영향을 미친 새로운 형태를 띄고 있다. 소나무가 무성했던 옛 채석장 자리에 1917~1920년에 지어진 이곳은, 당시 30대 젊은 건축가 군나르 아스플룬트Erik Gunnar Asplund*와 시그루트 레베렌츠Sigurd Lewerentz가 공동으로 설계하였다. 이곳의 압권은 4개 동의 예배당 건물이 아닌 단연 조경에 있다. 1만여 평의 부지에 다양한 언덕과 숲을 따라서 펼쳐지는 풍경은 실로 성스럽기까지 하다.

한편, 이탈리아 모데나의 산 카탈도 공동묘지는 파격적이게도 사자들을 위한 하나의 작은 도시처럼 만들어졌다. 건축가 알도 로시Aldo Rossi**가 설계한 이 묘역은 주변의 일반적인 마을처럼 중정의 광장을 둘러싼 공동주택, 개인주택들로 이루어져 있다. 방문자는 망자의 도시가 우리가 사는 도시와 크게 다를 바 없음을 깨닫게 된다.

유리 공예로 유명한 베네치아의 무라노섬으로 가는 길목에 있는 섬 산 미켈레도 망자의 낙원이다. 19세기 묘역으로 조성된 이래 베네치아인들 최후의 거주지가 되었다. 용산의 아모레 사옥을 설계한 데이비드 치퍼필드David Chipperfield***가 설계한 묘역도 포함된 이곳은 흡사 고급 휴양지처럼 아름다운 정원들과 광장, 길, 그리고 망자들의 안식처로 전 세계 관광객들이 빠지지 않고 들르는 명소다.

공통적으로 이들의 묘지는 도시 가운데 위치하여 삶의 일부로써 매우 친근하게 여겨진다는 점에서 우리와는 상당한 차이가 있다. 유명한 건축가들이 설계를 맡고, 마치 공원처럼 활용되며 아름다운 경관으로 관광객이 찾아오기도 한다. 이들은 왜 이렇듯 죽음을 아무 거리낌 없이 도시 속에 두는 것일까? 그곳에 가만히 머물러 잠시 시간을 보내본 이라면 답을 알 것이다. 죽음을 품고 있는 도시가 얼마나 사람의 마음을 차분하게 만드는지 느낄 수 있을 것이다. 묘역은 망자에 대한 기억을 담아 산 자들이 성찰하는 공간이다. 죽음을 삶 가까이에 두는 것에서 비로소 우리는 겸손해지고 도시는 겸허해질 수 있다.

스웨덴의 공동묘지 우드랜드(위)와 이탈리아의 산 카탈도 공동묘지(아래)

베네치아의 산 미켈레 섬 전체 구상도

＊군나르 아스플룬트Erik Gunnar Asplund: 스웨덴의 건축가이다. 스톡홀름에서 태어나 건축 교육을 받고 이탈리아, 그리스 여행을 통해 고전주의로부터 큰 영향을 받았다. 대표작으로는 스톡홀름의 스칸디아 영화관, 시립도서관과 숲속의 제장이 있으며 단순하면서도 시적인 감흥을 유발하는 작풍으로 높이 평가되고 있다.

＊＊알도 로시Aldo Rossi: 이탈리아의 후기모더니즘 건축가이다. 밀라노 공과대학에서 공부하고 건축전문지 편집장을 맡았다. 이후 저명한 이론서 《도시의 건축》을 출간하고 건축가로서도 활동하였다. 그는 고전주의 유형학의 토대 위에 건축의 역사성과 지역성을 단순하고도 엄숙한 형태로 표현하였다. 대표적인 건축작품으로 산 카탈도 국립묘지와 본네판텐 미술관, 일본의 일 팔라조 호텔 등이 있다.

＊＊＊데이비드 치퍼필드David Chipperfield: 영국 출신의 건축가로 건축가협회 학교(AA School)를 졸업하고 리차드 로저스와 노먼 포스터의 사무실에서 실무 경력을 쌓았다. 1985년 자신의 사무소를 설립하여 현재 런던, 베를린, 밀라노, 상하이에 거점을 두고 세계적으로 활동하고 있다. 진중하고 견고하며, 역사적 또는 문화적인 맥락을 중요하게 고려한 섬세한 디자인이 특징이다. 국내 작품으로는 용산의 아모레 사옥이 있다.

## 현대적 전염병과 비대면의 삶이 바꿔놓을 공간의 미래

18세기 세균학이 정립되기 이전의 유럽에서는 오염된 공기가 전염병을 전파한다는 공기감염설이 널리 퍼져 있었다. 따라서 치유의 공간인 병원 건축은 늘 공기의 흐름이 주요 과제였다. 과학자 보일의 기체 연구를 토대로 병실을 어떻게 환기할 것인가에 대한 다양한 연구가 이루어졌다. 한가지 방식은 커다란 풀무를 건물 외벽에 설치하여 정화된 공기를 주기적으로 공급하는 것이었고, 또 다른 방식은 공기 흐름을 고려한 건축물을 설계하는 방식이었다.

의사 마레와 건축가 스프로의 협업에 의한 1782년 설계도를 보면 병동은 공기가 흐르는 형태 그 자체를 따른다. 평면적으로 모서리 없이 부드럽게 호를 그리며, 단면적으로는 위가 좁고 높은 반원형 곡면을 통해 공간 자체가 공기를 자연스레 통과하는 방식이다. 의학적 전문 지식이 건축물에 형태를 부여하고, 호흡하는 기계로서의 건축이 탄생한 것이다.

19세기 영국은 과밀화된 도시의 열악한 위생 수준으로 인해 여러 질병이 창궐하였다. 다수의 공중목욕탕과 공공세탁장이 건설되고 1848년 공중위생법이 제정되었다. 개선의 대상은 비단 시설물과 규정뿐만이 아니라 정신적 차원까지 확대되었다. 비위생적인 것은 죄악이었다. 청결함과 도덕 관념을 결합하여 사람들의 의식을 개혁하였다. 근대 건축운동이 청결의 표식인 순백색을 선호한 것은 단순히 미학적인 차원뿐만이 아니라 이러한 위생 개념도 내포하고 있었다. 건축가는 순백의 건축물들을 통해 이전의 어둡고 비위생적인 도시 환경을 치유하는 의사이기도 했다.

20세기에는 눈부신 설비와 기술 발달 덕분에 하나의 작은 도시라고 부를 만한 복잡하고도 거대한 규모의 병원이 나타났다. 수천 명의 환자를 수용하며 정교한 기계와도 같이 작동하는 거대 종합 병원에서는 더 이상 이전 건축가들의 고민이었던 쾌적한 공기의 흐름을 고려한 건축물 형태를 찾아볼 수 없다. 첨단 기술 속 모든 것은 커지고 효율화되었지만 공간 그 자체가 가지는 의미는 되레 사라진 것이다. 공간으로서 창의 위치나 유선형의 평면보다 천장 속 보이지 않는 강력한 공기조화기계의 효율이 모든 것을 압도한 것이다.

이러한 기술진보의 다음 종착지는 어디일까? 사물인터넷이나 인공지능의 비약적인 발전, 코로나19와 같은 현대적 전염병은 병원이라는 공간을 어떻게 변모시킬 것인가. 건축학자 알렉산더 초니스는 이렇게 말했다. "효율적이고 숭고하며 건강을 고려한 대성당을 세운 기술이 이번에는 그 대성당을 폐허화시킬 것이다. 그때가 오면 거대한 신앙(병원)은 갈 곳을 잃고 홈닥터의 책상 속으로 깔끔히 수납될 것이다." 즉, 미래에는 병원의 기능이 공기와도 같이 일상 속 기기들로 흡수되고 시설 자체의 존재 의미는 점점 옅어질 것이라는 의미다.

대재앙은 늘 우리의 도시와 건축의 구조를 크게 변화시켰다. 대표적으로 중세 페스트의 확산 원인으로 좁고 불결한 도로가 지목되면서 이후 기하학적 도시의 르네상스가 시작되었다. 목조 건물 중심이었던 미국 시카고는 1871년 대화재 이후 철과 콘크리트의 거대 건축물들로 대체되어 초고층 붐과 함께 세계 경제의 주축이 되었다. 1918년에 발생해 세계 인구 3분의 1을 감염시킨 스페인 독감은 대도시의 열악한 공간 구조를 급격히 변모시킨 모더니즘 탄생의 계기가 되기도 했다.

이처럼 재해와 도시건축의 관계를 짚어보면 매번 도시와 건축은 더욱더 강력하고 거대한 것으로 진화해왔다. 그렇다면 코로나는 이러한 도시와 건축의 일관된 흐름을 되풀이할 것인가. 즉, 재앙 이후에 도시가 더 강하고 더 큰 것으로 진화할 것인가가 궁금하다. 근본적으로 다른 일이 일어날 것 같다는 생각이다. 이제까지 이렇듯 크고 튼튼한 상자에서 밀집되어 생활해온 우리의 생활 스타일 자체가 바이러스에 의해 거부된 것이기 때문이다.

효율적이며 위생적인 20세기 대도시의 정수는 초고층 건물이며, 그곳에 속하는 것이 곧 성공의 증거였다. 하지만 돌이켜보면 이 거대한 성냥갑은 조금도 효율적이지 않다. 정보기술의 발전으로 거리나 장소에 구애받지 않고 소통과 업무가 가능해진 오늘날, 오히려 큰 상자가 배출하는 탄소나 열부하는 주변 환경을 점차 파괴하고 있다. 그러나 우리는 여전히 지난 20세기의 추억에서 벗어나지 못한 채 거대한 상자를 계속 찍어내면서 대도시라는 보다 큰 성냥갑을 확대하고 있다. 엇비슷한 성냥갑 속에 아이들을 채워 넣고 입시라는 경쟁을 하게 한다. 그다음 경쟁은 사무실이라는 성냥갑에서 반복된다.

우리의 주거 또한 아파트라는 성냥갑을 기본 모델로 하고 있다. 성냥갑은 장소의 고유한 특성을 말살하고 어디든 균질화하는 것이었다. 우리는 성냥갑 건축의 답답함과 한계에 대해 이미 폭넓게 공감하고 있다. 물론, 도시와 건축은 기존의 사회와 제도에 근간을 두는 것이라 급격한 변화는 쉽지 않겠지만 우리 주변의 작은 변화들이 쌓이고 쌓이면 해결의 길로 이어질 것이다. 최근 많은 사람이 '동네'라는 장소가 가진 매력을 새롭게 발견한 듯하다. 집 주변을 산책하며 다양한 즐거움을 발견했을 것이다. 성냥갑을 탈피한 이색적인 장소들에 우리는 열광하게 되었다. 이처럼 균질화에서 벗어난 매력적인 장소들이 많아져야 우리 삶은 풍요로워지고, 도시는 활력을 띨 것이다.

## 거대도시 만든 자동차, 건축에 스며들다

자동차와 건축물은 우리의 삶과 아주 밀접한 도구이자 공간이다. 서울, 뉴욕, 상해와 같은 대도시가 발전할 수 있던 것에도 자동차가 절대적인 역할을 했다. 자동차가 등장한 이래 건축물과 자동차, 도시는 유기적으로 연결되고 발전했다. 따라서 건축물을 설계하고 도시를 계획하는 일엔 자동차에 대한 고려가 빼놓을 수 없는 요소다. 인공지능, 빅데이터, 자율주행 자동차 등이 융합하는 스마트 시티가 실현된다면 자동차와 건축의 상관관계는 더욱 긴밀해질 것이다. 그렇다면 건축가는 모빌리티와 건축물, 그리고 도시에 대해 어떤 생각들을 발전시켜 왔을까?

르 코르뷔지에는 당시 자동차가 현대인의 삶을 담는 '생활의 기계'가 될 것이라고 생각했다. 그는 1923년 발표한 《새로운 건축을 향하여Toward an Architecture》라는 책의 글머리에 과학과 기술, 이성을 찬미하며 고전 건축의 백미인 파르테논 신전과 자동차의 이미지를 함께 삽입하고, 새로운 시대정신의 정수로서 비행기, 선박과 함께 자동차를 꼽았다. 또한 르 코르뷔지에는 1929년 스페인의 도시계획가 아르투로 소리아 이 마타가 1882

년 발표했던 선형도시 개념에 자동차를 추가해 다시 한번 제안한다. 이는 알제리의 수도 알제의 해안가를 따라 18만 명을 위한 집합주택을 만들고 그 옥상을 고속도로로 만든다는 거대 계획으로, 자동차를 도시의 중심에 둔 것이다.

도시와 이동 수단의 조화를 꿈꾼 건 건축가만이 아니다. 1927년 제작된 SF 영화의 고전 '메트로폴리스'는 놀랄 만큼 멋진 미래 도시를 그려내고 있다. 서기 2026년, 초고층 건물로 꽉 채워진 대도시 메트로폴리스의 중앙엔 독특한 모양의 신新 바벨탑이 있다. 모노레일과 도로가 공중을 가로지르며 주차장을 방불케 할 정도로 수많은 자동차가 도로를 메우고 있고, 비행기들은 도시를 부유하듯 떠다니고 있다. 프리츠 랑 감독이 상상한 100년 후 미래의 모습이다.

영국 건축가인 제프리 앨런 젤리코도 미래 도시에 대해 이렇게 말했다. "자동차가 달리는 곳을 걷는 사람은 아무도 없으며, 신성한 보행 지역에는 어떤 자동차도 침입할 수 없다." 오늘날 우리가 고민하는 보차분리(보행로와 도로를 구분하는 것)의 효율성과 불편함을 단적으로 꼬집은 것이다. 그는 이런 문제를 근본적으로 해결하기 위해 1960년 '모토피아Motopia'라는 도시계획을 제안했다. 모토피아는 자동차Motor Car와 유토피아Utopia의

합성어로, 건물 상단에 도로를 깔고 지면을 비워 도시 전체를 거대한 공원으로 조성한다는 계획이다. 런던에서 서쪽으로 17마일가량 떨어진 곳에 약 1억 7,000만 달러(약 1,900억 원)의 비용을 들이는 이 대담한 계획은 3만 명의 인구를 수용하고, 옥상에 고속도로가 있는 격자 패턴의 건축물로 이루어져 있다. 학교, 상점, 식당, 교회, 극장 등은 모두 공원과 맞닿아 열려있다.

또한 일본의 건축가 키쿠다케 키요노리*는 1972년 급속한 도시화와 환경문제를 해결할 대안으로 '층구조 모듈'을 제안한다. 공업화된 공간구조를 기본으로 그 안에 인공 지반을 설치한 뒤, 테라스식 주택을 삽입하는 것이다. 쾌적한 삼각형 단면의 입체 주거지 내부에는 간선도로, 철도를 포함한 공공 교통 인프라와 상업 시설 등이 들어간다. 인공 지반을 입체화해 환경을 보전하면서 토지의 고밀도 활용을 가능하게 하는 일석삼조의 계획으로, 정부 차원에서 실현을 위해 다양한 연구가 이루어진 흥미로운 아이디어다.

이동 수단을 생활 속에서 영위하려는 이런 시도들은 눈에 띄는 변화를 이끌어냈다. 주차장, 세차장, 자동차 공장 등 도심에선 지하나 이면에 감춰져 왔던 자동차 관련 시설물들이 미학적, 사회적 가치를 내세우며 다양한 모습으로 거듭나고 있는 것이다. 서울 도산사거리의 현대 모터스튜디오는 자동차를 공

영화 '메트로폴리스'의 미래 도시(위) 자동차를 도시의 중심에 둔 르 코르뷔지에의 도시계획(중간)
제프리 앨런 젤리코의 모토피아(아래)

일본의 건축가가 제안한 층구조 모듈의 구상도(위)
미국의 링컨로드 파킹 개러지(아래)

중에 거는 방식의 흥미로운 전시로 도시 경관에 활력을 불어넣는다.

스위스의 세계적 건축가 유닛 헤르조그&드 뫼롱Herzog&de Meuron**이 설계한 미국 마이애미의 링컨로드 파킹 개러지 역시 이와 같은 맥락이다. 링컨로드 파킹 개러지는 '주차장은 음침하다'는 인식을 바꾼 혁신적인 디자인을 선보였다. 조각작품처럼 군더더기 없는 콘크리트 구조물은 사방이 뚫려 도시의 경관을 그대로 투과시킨다. 주차장과 상업 시설이 명확한 층별 구분 없이 군데군데 어우러져 있으며 곳곳에서 열린 벽체를 통해 도시의 풍경을 즐길 수 있다. 건축물의 부속 시설로 조연에 머물러 있던 주차장이 화려하게 주연으로 변모한 것이다.


인공지능과 자율주행 기술이 현실화되는 미래에 우리의 삶은 어떻게 변할까? 우리 삶을 담는 도구로써 건축물의 한계는 특정 장소에 기반한 고정된 구조물이라는 것이며, 자동차의 한계는 협소한 공간적 제약과 운전자의 행위적 제약이었다. 하지만 4차 산업의 새로운 기술 도약에 힘입어 이러한 이분법적 제약과 구분의 경계가 점차 모호해지고 있다. 건축물과 모빌리티, 나아가 모빌리티 간의 상호 결합을 통해 우리 삶의 방식이 확장된다. 필요에 따라 개인 서재와 모빌리티를 묶어 작은 도서관으로 만들고, 의료 모빌리티의 조합으로 종합병원을 조성하거나 해체할 수 있다면 인류 문화의 크나큰 진보라고 할 수 있겠다. 우리는 이러한 기술을 기반으로 거리와 장소의 제약에서 벗어나 비로소 자유로운 유목민으로 거듭날 수 있을 것이다.

지난 세기 자동차와 관련한 인프라의 눈부신 발달 덕분에 우리 도시는 점차 거대해지고, 그만큼의 복잡성을 내포하게 됐다. 미래 도시는 건축과 모빌리티의 새로운 도약으로 라이트가 1935년 꿈꾼 '브로드 에이커 시티broard acre city'가 될 것이다. 어디서도 도시라는 사실을 인식할 순 없지만, 어디서든 그것의 편리함과 이로움을 느낄 수 있는 도시가 드넓게 펼쳐질 것이다.

＊키쿠다케 키요노리: 일본 현대건축의 거장으로 메타볼리즘 건축운동의 핵심 인물이다. 와세다 대학에서 공부한 뒤 자신의 사무실을 개소했다. 이후 세간의 주목을 받은 자신의 집 스카이 하우스, 마린시티 계획, 퍼시픽 호텔, 구루메 시민회관 등을 만들었다.

＊＊헤르조그&드 뫼롱Herzog&de Meuron: 스위스 연방공대 동기인 자크 헤르조그와 피에르 드 뫼롱이 1978년 바젤에 결성한 건축사무소 유닛이다. 베이징 올림픽 주경기장, 런던의 테이트 모던 갤러리, 도쿄 프라다샵 등을 대표작으로 최근 국내에도 청담동 송은 문화재단의 신사옥을 설계 중이다. 재료의 마술사라 불리며 2001년 프리츠커상과 세계문화상을 수상하였다.

## 길의 건축, 내 것과 모두의 것이 느슨하게 엮이는 풍부함

눈부신 고대 그리스 문명은 아고라에서 시작되었고, 로마 제국의 중심은 포로 로마노의 도시 광장이었다. 서구 도시에서 '광장'은 고대에서 오늘날에 이르기까지 항상 도시의 중심이었고 시민들이 모이는 장소였다. 광장의 발상지인 유럽에서는 광장의 역사가 곧 도시의 역사라 해도 틀린 말이 아닐 정도로 그것은 문화와 역사적 사건의 현장이자 소통의 장소로 작용하였다. 민주주의는 도시 광장에서 꽃을 피웠고, 그곳은 통행, 화합, 교환, 상호인식의 장소였다. 그뿐만 아니라 장터, 문화, 예술, 의식, 집회 등으로 다채롭게 채워지는 광장은 사회적 열린 공간으로 작동한다.

이렇듯 유럽의 도시문화는 '광장'에 집중된 한편, 그들의 '길'은 사회적 소통이나 생활 터전의 의미보다는 단순한 교통수단에 불과하였다. 서구 도시의 고대 건축물은 석조 건물로 두껍고 높은 벽을 지녀, 건축의 내외부가 명확히 구분되었다. 벽의 외부에는 상시적으로 자연의 위협이 존재하므로 길이 아닌 중정이나 광장이 공동체 생활의 터전일 수밖에 없던 것이다. 이렇듯 광장이 엄청난 의미를 갖는 서구에 비해 우리나라에서는 매력적인 광장을 찾기 힘들다.

지난 근대화를 통해 서양의 도시체계를 도입한 우리는 곳곳에 광장을 만들었지만 제대로 활용할 수 없었다. 오랜 시간 형성된 사회적 의식과 습관에 바탕을 두지 않았다면 아무리 그럴듯한 물리적 공간을 확보한다 해도 현실에서 제대로 작동하지 않는 법이다. 그것은 디자인의 문제라기보다 사용 측면의 문제였다. 우리는 전통적으로 도심 한복판에 서로 어울릴 만한 장소가 필요하지 않은 사회구조를 지녔기 때문이다.

그렇다면 우리 사회에서 광장과 같은 역할을 하는 공간은 어디일까? 그것은 바로 도시 이면에 숨겨진 '골목길'이다. 도시에는 고속도로도 필요하고 자동차를 위한 길도 필요하지만, 가장 중요한 것이 바로 생활 공간으로써 우리가 걷는 길이다. 고속 성장과 개발 시대에 길이란 속도를 의미하는, 차들로 장악된 공간이었다. 생활 터전으로써 길이란 보행 공간과 다양한 시설들이 어우러져 자연스럽게 구성되어야 하는데, 그저 우리를 빨리 지나치게 만드는 차들의 길이 그곳을 차지하면서 길은 사람이 머무는 곳이 될 수 없었다. 근래에 많은 골목길이 차들을 밀어내고, '걷는 사람들'로 채워지고 있다는 점은 그래서 중요하다. 길은 인접한 건축물에 의해 형성되는 사회적 공간이다. 완고한 벽에 의한 안과 밖의 대립을 통해 서구의 광장과 도시가 형성되었다면 우리는 안과 밖의 경계를 느슨히 하여 길이 확장되고, 걷기에 흥미로운 도시를 만들어야 한다.

이러한 생각에서 출발한 두레주택 프로젝트는 생활 터전으로써 골목길을 내부에 품은 건축이다. 앞에서도 잠시 등장했던 서울시 은평구 신사동 산새마을은 일본강점기 공동묘지였다가 1960년대 후반 철거민과 수재민 이주택지로 조성되면서 형성된 동네다. '산새마을'이라는 이름은 이곳이 주민참여형 주거재생사업 시범 마을로 선정되면서 붙여진 것으로, 이 사업을 계기로 주민 공동체가 활성화된 마을로 세간의 주목을 받았다. 지난 세월 양적 개발에 치중해 획일화된 대도시 서울의 한구석에 자리한, 여전히 옛 마을공동체의 모습을 간직하고 있는 몇 안 되는 장소다. 이들은 공동 텃밭을 일구거나, 마을 곳곳을 함께 가꾸고, 김장 나누기, 골목 청소를 통해 더불어 살기 좋은 마을을 만들어 왔다.

두레주택은 서울시의 임대식 주택으로, 사회초년생이나 홀몸노인이 저렴한 비용으로 장기간 거주할 수 있는 일종의 셰어하우스다. 독립된 침실 공간과 함께 쓰는 거실, 주방으로 구성된다. 기존의 단독주택이나 아파트 구성을 그대로 적용하거나, 관리·임대 측면만을 강조하는 최근의 셰어하우스들과는 차별화된다. 이들은 어느 것도 건축적으로 새로운 주거 양식을 제안하고 있지는 않다. 반면에 두레주택에서는 기존 마을공동체의 공간 점유방식과 사회성을 분석해 담장이라는 경계 없이 주거지가 마을 전체로 확장되는 가로중심의 새로운 건축 유형을 제안하였다. 닫힌 '복도'가 아닌 공공의 사적 '마당', 거대한 '광장'이 아닌 작은 '골목'들의 집합으로 한층 역동적인 공간을 제시한 것이다.

나의 건축은 장소성에 주목하여 견고히 관습화된 질서를 흐트러트리고, 주어진 상황에 대한 해답보다는 다양한 가능성의 모색을 목표로 한다. 산새마을의 경우, 인상적이었던 부분은 오늘날 쉽게 찾아보기 힘든 공동체 풍경이 여전히 남아 있고, 도시의 길과 사적 영역 간의 경계가 굉장히 모호했다는 점이다. 따라서 이곳에서는 이렇듯 풍부한 관계들을 연결하기만 하면 되었다. 이렇게나 자연발생적이고, 지형과 공동체에 순응하는 거주 풍경은 서구에서 말하는 광장이나 인위적인 공간보다 훨씬 생동적이었다. 또한 지역공동체의 지속 가능한 존재 방식이기도 했다. 이상적인 마을공동체란 공과 사의 경계를 최대한 느슨하게 함으로써 보다 많은 공동체의 가능성을 담은 것이다.

건물과 길로 이루어진 도시, 그것의 경계를 느슨하게 하는 관계를 통해 내 것과 모두의 것 간의 경계가 모호하게 될 때 전체적인 도시공간이 풍성해진다고 믿는다.

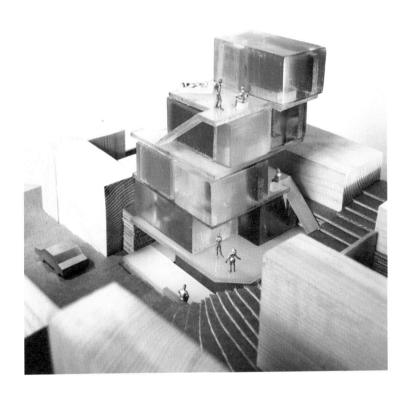

주거지의 경계를 허물고 이를 마을 전체로 확장하는 두레주택 설계안

건물과 길로 이루어진 도시,
그것의 경계를 느슨하게 하는
관계를 통해 내 것과 모두의 것 간의 경계가
모호하게 될 때 전체적인
도시공간이
풍성해진다고 믿는다.

## 공모전의 지침을 따르지 않아서 당선된 디자인?

대도시 서울은 세계에서 유일하게 산과 물의 질서에 순응해 구성된 작은 스케일의 다양한 영역들이 조화롭게 어우러져 형성된 매우 독특한 역사 도시이다. 이 도시의 영역을 규정하는 한양도성 또한 이러한 땅의 질서를 존중하여 축조되었고 세월의 흐름에 따라 자연의 일부가 되었다. 이곳은 성곽길 안내를 위한 시설로, 서울시의 설계 공모를 통해 만들어졌다. 사직단 뒤편, 경사가 매우 심한 인왕산 둘레길 초입의 자그마한 평지(약 70m² 규모)를 대지로 이용하는 것이 공모전의 취지였다. 그러나 이 작은 땅은 공터가 부족한 인근 주민의 소중한 쉼터이자 아이들의 놀이터로 유용하게 활용되고 있던 터라 적잖이 고민이 되었다. 지침을 따르자니 마을 사람들의 휴식처가 없어질 판이었다. 결국 나는 공모전의 지침을 따르지 않았다. 대신 잡초들로 무성한, 비탈진 구석 땅을 찾아서 도성 길과 마을 쉼터를 매개하는 중간영역 설계를 제안했다. 이 지역공동체의 마당을 유지한 채, 그 옆의 성곽길과 사이의 완충 경사 녹지를 활용하여 지형을 보존하고 주민과 성곽 탐방객 모두에게 열린 복합적 공공공간을 만들고자 하였다.

그늘을 위한 캐노피가 만들어졌고, 그 아래로는 경사지가 계단식 스탠드로 층층이 만들어져 탐방객이 거쳐 가는 쉼터이자 때로는 작은 문화마당의 좌석이 되었다. 기존의 화강석 축대벽은 그대로 유지되어 그 위에 도성의 역사와 탐방 정보들을 제공하는 게시판이 붙었다. 이전의 마을주민 마당은 그대로 비워져 주민들과 탐방객, 그리고 성곽의 이벤트들이 서로 조우하게 되었다. 성곽이 지형을 따라 축조되었듯 안내쉼터의 구축 또한 철저히 기존 요소들의 장소성과 관계성에 순응하며 비워진 장소를 형성한다. 그것은 불확정적이지만 다양한 성격의 이용자들이 창의적인 행위로 다채롭게 채워가며 각각의 목적을 충족시킬 수 있는 곳이길 바랬다. 마땅한 놀이터가 없는 동네 아이들에게 이곳은 놀이터가 되었고, 주변에 커피숍이나 주점이 없어 어르신들은 주변 슈퍼에서 음료와 술을 사서 이곳을 이용하기도 한다.

만약 한양도성 안내쉼터가 이 터를 점유하는 목적물로서 만들어졌다면 그것은 다양한 가능성을 배제한 단순한 기념비에 머물렀을 것이다. 하지만 지금 이곳은 중심이 아닌 옆으로 비켜나, 끊어진 지형을 앉거나 다니기 편한 것으로 이어주고 그늘과 비를 막되 경치를 열어주는 배경이 됨으로써 보다 풍부하게 다른 것들을 포용한다. 완결된 형태가 아닌 것은 주변을 위한 배려이며, 그 의도된 부족함을 통해 주변을 포용하면서 비로소 그것은 하나의 완성된 풍경이 된다. 이러한 관계성을 토대로 한 공간적 가치는 사실 우리 건축이 가진 고유한 작동원리이자 본질이다.

모두에게 열린 공간을 만들어낸 한양도성 안내쉼터

## 자연·사람·지혜가 경계 없이 펼쳐지는 도서관

내를 건너서 숲으로 도서관은 은평구 신사동 비단산 근린
공원 초입에 위치하며 주변에 6개의 학교와 주거지를 접한 곳
이다. 부지 전면에 도로, 후면에 비단산, 좌우 양측으로 초등학
교와 어린이 놀이터가 있다. 약 9m의 높이 차이를 가진 대지는
인근 주민들에게 산책로와 놀이터, 다목적 야외 쉼터로 나름 잘
사용되고 있었다. 나는 새로운 도서관을 통해 주변 길, 놀이터,
숲이 모든 방향에서 경계 없이 연결되고 내부 프로그램이 자연
스레 공원 속으로 확장되는 개념을 구상했다. 도서관을 매개로
도시와 숲을 연결하고자 하였다.

대부분의 건축 공간들이 산자락의 일부로 지형화되었다.
산책로 사이사이 휴게 공간을 조성하고, 건물은 숲이 도시로 돌
출하듯 배치해 비단산과 마을을 이어주듯이 하였다. 무엇보다
중요한 것은 도서관이 정문이나 큰 홀 없이 공원과 접하는 높이
에 맞추어 모두 6개나 되는 출입구를 가진다는 것이다. 공원, 길,
놀이터, 어느 방향에서도 도서관으로 입구를 마주하게 되어, 바

로 책의 공간으로 경계 없이 진입할 수 있도록 열어둔 것이다. 마찬가지로 도서관 어디에서 나와도 자연스레 숲으로 연결되도록 구상한 것이기도 하다.

외부의 경사는 내부 공간에서 다양한 높이를 만들어내고, 자연스럽게 앉아서 독서를 할 수 있는 계단식 공간으로 도출된다. 산의 경사가 그대로 건물 내부에서 연속되듯 하여 단순히 독서뿐만 아니라 실내·실외에서 공연과 낭독회 같은 다양한 행사가 열리는 흥미로운 다목적 공간이다.

이렇게 내를 건너서 숲으로 도서관은 놀이터에서 놀다가, 공원을 산책하다가, 하굣길에 언제라도 가볍게 들러 이웃들과 만나거나, 프로그램에 참여하거나, 책을 보거나 할 수 있는 지역 커뮤니티의 사랑방이자 장터와 같은 도서관의 새로운 유형이 되었다. 도서관 내부의 엄숙함이라던가 상징적 대공간이라는 공공도서관의 관습적 유형에서 탈피하고자 한 것이다. 이렇듯 자연과 주민과 지혜가 경계 없이 연속되어 펼쳐지는 내를 건너서 숲으로 도서관은 소통과 관계성의 건축이다.

## 문화적 편의점이 되어가는 공간들

지난 88올림픽이 개최되던 해에 편의점은 국내에 본격적으로 상륙했다. 어느덧 30년이 흐른 오늘날 전국에 4만 7,000개가 넘는다고 한다. 우리 일상에서 편의점은 초기 24시간 열려있는 단순한 쇼핑공간에서 점차 다양한 생활 서비스를 제공하는 공간으로 진화하였다. 그것은 도시의 주방이자 약국, 주점, 식당, 서점, 은행 역할을 망라하며 급증하는 1인 가구들의 플랫폼 역할을 톡톡히 하고 있다. 또한 '편도족'이니 '모디슈머'와 같은 문화적 트렌드도 시대적으로 생겨났다. 편의점의 공간적 특성은 생활공간에 인접한 접근성, 내용물의 다양성, 사물들의 수평적 관계성, 상호교환성, 그리고 도시 구석구석 분포된 네트워크성이다. 이러한 특성들이 단순히 상업적 기능을 넘어서 공공이나 문화시설에 적용된 새로운 건축을 상상해본다.

도서관, 미술관, 공연장, 문화센터가 관습적인 형식을 표방하던 시대는 이미 오래전 끝났다. 벽에 걸린 그림이나 서가에 꽂힌 책은 더 이상 절대적인 콘텐츠가 아니다. 다양한 사물인터넷

도시와 숲을 연결한 내를 건너서 숲으로 도서관 전경

자연과 연결된 도서관 내부

과 스크린으로 확장되는 미디어들은 위계를 가지지 않고 편의점의 상품처럼 평행하게 배열되어 모디슈머의 그것과 같이 사람들은 각자의 취향과 필요에 맞추어 문화적 콘텐츠를 조합하고 변형하며 주체적으로 활용할 것이다. 더 이상 미술관, 박물관, 도서관, 문화센터와 같은 구분은 존재하지 않을 것이다. 통칭 생활문화 편의점으로 다양한 공공을 위한 문화기능들이 병렬로 늘어선 건축이 시작될 것이다.

사람들의 관계, 사람과 내용의 관계도 고정된 중심이나 위계질서 없이 모두 병렬로 평행하다. 일반적인 공공건축은 늘 일차원적인 기능을 토대로 분절된 공간을 요구해 왔다. 기능만이 아니라 때로는 소리와 시야도 관리의 측면에서 차단되어야 했다. 이런 식으로 점차 각 공간은 불투명한 존재가 되어 버리는 것이다. 단순히 투명한 유리벽이 좋고 막힌 벽이 나쁘다는 것이 아니다. 위아래, 그리고 앞뒤로 보다 소통하는 관계를 만들어 가야 한다는 것이다. 편의점으로서 새로운 공공건축은 도시의 중심에 우뚝 솟은 것이 아니라 지하철역이나 버스정류장 가까이 놓여 밤늦게까지 열려있을 것이다. 마지막으로 그것들 하나하나의 규모는 매우 작지만 대중교통이나 도보로 쉽게 상호 연결되어 자기 완결적이지 않고 확장성을 가질 것이다.

이러한 문화적 편의점을 주제로 파주에 계획한 광탄도서관

파주 광탄도서관의 설계 공모 설계안

(2022년 개관 예정)은 주변에 경계 없이 열리어 마을 장터와 같이 놀이와 문화, 어울림이 공존하도록 하였다. 앞선 이미지는 공모전 당시 나의 설계안이다. 들어서면 보이는 큰 공간은 벽이 없이 다양한 목적의 공간들이 교환 가능한 형태로 펼쳐진다. 들어가는 입구에서 아래층의 책 마루, 위층의 문화마루가 어긋나게 반층 높이로 엮여져 수평뿐만 아니라 수직적으로도 층이 단절되어 보이지 않는다. 주변에 다양한 작은 어울림 공간들을 두어 크고 작은 만남들을 유도하고 있다.

## 도시의 쉼표를 찾아낸 뜻밖의 공간들

일명 '연트럴파크'로 불리는 옛 경의선 철길, '서울로 7017'로 탈바꿈된 구 서울역 고가, '문화비축기지'가 된 마포 석유비축기지. 이들은 모두 산업화 시대에 없어서는 안 될 시설이었다가 쓰임이 없어진 공간을 새로운 모습으로 재활용한 사례이다.

도봉산 자락에 있던 옛 대전차 방호시설은 '평화문화진지'라는 이름의 복합 문화예술공간으로 탈바꿈하였다. 한국 최초의 석탄 화력발전소인 '당인리발전소'도 변신을 준비하고 있다. 20세기 중반 수도권 전력발전을 책임졌던 이곳은 '당인리 문화창작발전소'로 새롭게 태어날 예정이다. 낮 동안 텅 비어 있다 밤에만 채워지는 차고지는 그 기능을 유지하면서도 상부에 부족한 공공주거를 입체적으로 담는 개발이 한창이다. 방호시설, 석유비축기지의 사례들이 현시점에 쓰임을 다하고 생명이 멈추어진 시설에 새로운 활력을 불어넣는 것이라면 차고지나 화력발전소는 지하로 입체화를 통해 그 쓰임을 유지하면서도 복합적인 기능을 갖추는 방식이다.

이렇듯 우리 주변에는 다양한 건축물과 도로, 기간시설, 군사시설 그리고 발전소, 공장과 같이 쓰임을 다하고 방치된 산업시설들이 있다. 나날이 우리 도시와 사회는 고밀도화되면서 압축적이고 복합적인 특성을 띈다. 이미 대부분의 대도시에서는 포화된 개발로 인해 가용한 부지를 찾기가 점점 더 어려워지고 있다. 고밀의 도시 생활은 점점 더 삭막해진다. 토지자원이 부족한 상황에서 공동체의 삶을 보다 윤택하게 하는 공간은 저이용되는 시설들을 입체적으로 활용함으로써 새로운 가능성을 발견하게 된다. 이렇게 도시의 방치된 공간과 저이용 되는 시설을 통칭 '유휴공간'이라 부른다. 이들 장소에는 시대의 흔적과 함께 사회문화적인 의미가 축적되어 있다. 이러한 도시의 여백과 닫힌 공간을 발굴하여 새롭게 도시에 열어주는 것, 새로운 시대적 가치를 삽입하는 것이 새로운 도시 재생의 중요한 열쇠이다.

다양한 유휴공간을 발굴하여 단일용도에서 복합용도로, 일차원적 토지사용에서 입체적 활용으로 재활용함으로서 도시의 생명력을 불어넣는 움직임이 근래 전 세계적으로 확산되고 있다. 프랑스 파리시는 도로 상부나 소규모 공지 같이 저이용 되고 있는 유휴공간 23곳을 혁신적인 공간으로 재탄생시키는 건축 프로젝트 '리인벤터 파리Reinventer Paris'를 추진 중이다. 이중 '천 그루의 나무'는 도로 상부에 복합주거건물을 짓고 건물 곳곳

연트럴파크로 불리며 도심 속 쉼터로 자리잡은 경의선 철길(위)
도로 상부에 건물을 짓고 곳곳에 나무 1,000그루를 심는 '천 그루의 나무' 프로젝트(아래)

5층을 고속도로가 관통하도록 지어진 오사카의 게이트 타워 빌딩

에 나무 1,000그루를 심는 프로젝트로, 도시 공간을 창의적 아이디어로 활용하고, 지역 간 단절을 극복한 사례로 꼽는다.

프랑스뿐 아니라 다른 해외 도시에서도 도로나 철도 위에 대규모 복합단지를 지어 활용하고 있다. 교통정체를 심화시키지 않으면서 주택 공급을 늘릴 수 있기 때문이다. 독일 베를린 시내 아우토반 고속도로 위에는 약 1,000가구가 사는 대형 아파트가 들어서 있다. 또한 지난 2014년 도쿄 미나토구에 들어선 도라노몬 힐즈는 지하도로 터널 위에 지어진 지상 52층 규모의 주상복합 건물이다. 주거공간, 사무실, 호텔, 음식점 등으로 구성돼 있다. 도심 공동화가 진행되던 일대에 대규모 복합건물이 들어서면서 인구 유입이 크게 늘어났다. 오사카의 16층 규모 게이트 타워 빌딩 또한 건물 5층을 고속도로가 관통하도록 설계되면서 세계적인 주목을 받았다.

## 비움으로 채워지는 도시

충남 공주시 구도심을 남북으로 척추처럼 관통하는 아담한 제민천 한 켠에 무지개 같은 반구형 건축물이 있다. 원래 제민천은 금강의 수원으로 맑은 물이 흘러 주변으로 마을이 형성되었으나 지난 시대 난개발에 따른 하수 유입으로 오염되었다. 그러다 보니 자연스레 주변에 집들은 모두 하천을 등지고 담장을 만듦으로써 수변은 도시와 사람들로부터 소외되었다. 시간이 흘러 하천 정비 사업으로 원래의 깨끗한 모습과 산책로를 회복했지만 주변은 여전히 낡은 집들의 폐쇄적인 담장에 막혀 그늘 한 점 없이 삭막했다. 이런 산책로는 통행하기 위한 것이지 머무르는 곳이 아니었다. 그러나 건축주는 건축할 수 있는 면적이 채 15평에 불과한 이 작은 땅 위에 작은 업무공간과 지역주민들의 쉼터가 될 만한 문화공간 짓는 것을 희망했다. 나는 규모의 제약에도 불구하고 무미건조한 이곳에 강렬한 인상의 쉼터 같은 여백을 만들고 싶었다.

먼저, 거리와 마주한 1층의 카페는 최소한의 주방만을 남기고 전부 외부로 비워 하천변 일대가 모두 카페가 되게끔 했다. 그리고 건물의 실들을 위로 올려 움푹한 그늘을 만들었다. 주방 옆의 화장실은 산책하는 주민들이 언제나 활용할 수 있도록 외부에 출입구를 두었다. 위층에는 작은 업무공간과 건축주가 직접 운영하는 동네 책방을 두어 사유와 쉼이 있는 공간을 만들었다. 내부에는 주변 가로수의 연속으로서 다양한 나무가 재료로 사용되었다. 1층 콘크리트 벽의 소나무 문양과 2층의 부드러운 자작나무, 3층의 외부 목재 스크린과 내부 돔형 공간의 지문 문양 목재는 같은 나무라도 사용에 따라 물성이 때로는 거칠게, 혹은 부드럽고 연약하게 공간의 느낌을 규정한다.

건물이 완성되고 많은 이들이 제민천의 이 작은 공간에 모여 담소를 나누고 책을 읽는 모습은 참으로 흥미롭다. 이제는 이곳이 모두를 위한 공공의 장소로 명실상부하게 자리 잡은 것이다. 날로 상업적 색깔이 짙어지는 제민천변에서 이 건축물의 기품은 시간이 갈수록 더해지고 있다.

벽과 지붕의 구분이 없고 내부와 외부의 경계가 모호하며, 여기저기 숭숭 뚫린 구멍은 일견 짓다 만 미완의 건축처럼 보인다. 하지만 이러한 것들이 작은 건축을 보다 크게 보이게 하고 인간의 다양한 행위를 포용하는 것이다. 최근 이곳을 찾았을 때, 건축주는 현명하게도 바로 옆 폐가를 인수하여 근사하게 리모델링 후, 전시와 세미나를 위한 또 다른 문화공간의 확장을

제민천에 지어진 강렬한 인상의 문화공간 내부

꾀하고 있었다. 비록 시작은 한 점의 여백이었을지라도 사람들이 모이고, 문화가 생겨나면 파급효과는 도시적으로 확산되는 법이다.

비슷한 예를 하나 더 소개해볼까 한다. 고가차도 아래 자리 잡은 다락多樂옥수이다. 우리나라 최초의 고가차도는 1968년 만들어진 940m 길이의 아현고가였다. 산업화 과정에서 급격히 늘어난 교통량을 감당하기 위해 도로를 공중으로 들어 올린 고가차도는 근대화의 찬란한 상징이었다. 그러나 반세기가 지난 지금은 전국구의 애물단지로 전락했다. 환경적으로 집과 거리에 그림자를 만들고 사회적으로 지역을 단절하기 때문이다. 막대한 비용을 들여 고가를 허물고 아래 하천을 복원하거나 구조를 보강해 상부에 공원을 만드는 수고를 하고 있다. 이런 급진적 시도들을 전반적으로 확대할 수 있다면 좋겠지만 기능상 철거가 쉽지 않은 고가가 서울에만 180여 개에 달한다. 고가 아래 그림자를 드리우는 면적으로 따져보면 여의도의 절반, 축구장 200여 개에 맞먹는 규모다. 지도에 나타나지 않는 고가하부 공간은 주로 노상 주차장이나 창고와 같이 방치되어 있지만 점차 가용지가 부족해지는 고밀화된 도시에서 잠재력 있는 유휴공간이기도 하다.

시각을 조금만 달리해 보자. 지역을 단절하던 고가하부는

고가차도 아래 자리잡은 다락옥수(위)와 태양광을 풍부하게 유입하는 내부 모습(아래)

다락옥수에서 문화생활을 즐기는 시민들

사람을 위한 공간으로 재구성해 다시 이어줄 수 있다. 이곳에 주변 어린이들을 위한 다목적 북카페 같은 공간을 만들자. 책 읽기가 정말 재미있다는 사실을, 오늘날 미디어 세대 어린이들은 모를 것이다. 방과 후 어린이의 책 놀이터이자 함께 오는 부모들의 사랑방, 퇴근 후 직장인들의 여가 활용을 위한 공간, 주말에는 인근의 예술가들과 함께하는 가족 단위 문화강좌 공간 등 카멜레온처럼 시시각각 변하고, 사람으로 북적이는 공간을 만들자. 책과 지식을 매개로 해서 주민이 소통하는 커뮤니티를 형성하고, 고가의 선형적인 특성을 활용해 지역을 가로질러 확장시키자. 한 걸음 더 나아가 인근 보행권 거리 내의 다양한 특색 있는 공간들과 연계해 활용한다면 마을 공동체의 네트워크를 만들 수도 있을 것이다.

옥수역 고가 아래 둥지 튼 다락옥수는 동호대교로 이어지는 고가와 지하철 철교 아래 폭 30m, 길이 60m, 높이 11m의 유휴공간을 주민들 쉼터로 바꾼 첫 번째 시범사업이었다. 다리 밑은 음침하다는 선입견을 완전히 뒤집는다. 숲을 테마로 풀을 심어 언덕을 만들고 굵은 참나무 기둥을 세웠다. 이 모습이 고가하부에 단 5,000여 개의 거울에 반사되어 나무가 다리를 뚫고 솟아오르는 착시 효과를 자아낸다. 북카페로 운영되는 실내에선 꽃꽂이, 어린이 체험 행사 등 무료 강좌가 빼곡하게 열린다. 건물이 완성되고 주변 예술가들도 참여하여 공공미술 작품을 선보였다. 앞마당 격인 옥수 광장은 예술 공간의 가능성을 유감없이 드러냈다. 주민들은 동네가 환해졌다고 좋아한다. 사람들의 왕래가 없던 공간이 정비되고, 주변 상권에도 활력이 생겼다. 주변 상권의 재생 역시 다락옥수가 가져온 효과 중 하나다. 고가 주변으로 소상공인이 운영하는 카페, 베이커리, 공방, 떡집과 세탁소, 잡화점 등 다양한 가게가 성업 중이다. 이것이야말로 방치된 도시의 속살이 주목받고 재생되어야 하는 이유다. 사람이 오가고 이야기꽃이 피어나면 도시의 수명과 운명도 바뀐다. 물론 고가하부의 변신은 계속될 것이다.

벽과 지붕의 구분이 없고
내부와 외부의 경계가 모호하며,
여기저기 숭숭 뚫린 구멍은 일견 짓다 만
미완의 건축처럼 보인다.
하지만 이러한 것들이 작은 건축을 보다
크게 보이게 하고 인간의 다양한 행위를
포용하는 것이다.

## 옥상에서 감상하는 영화, 채석장에서 바라보는 전망

몇 해 전 뉴욕과 런던 도심 일대 건물 옥상에서 목욕과 영화 감상을 동시에 할 수 있는 목욕탕 극장Hot tub cinema 행사가 열려 주목을 받았다. '잊지 못할 경험을 선사해 드립니다'라는 홍보 문구로 개최된 이 이색 행사는 방치되었던 건물 옥상을 시민에 게 개방하여 소형 튜브 욕조를 다수 설치하고 그 안에 누워 밤하 늘의 별과 도시 야경을 배경으로 영화와 음료를 즐기는 것이었 다. 영화상영이 끝난 뒤에도 흥겨운 파티와 다양한 이벤트가 이 어져서 도시 속 한밤을 더욱 열정적으로 달군다. 네덜란드 로테 르담도 매년 6월이면 옥상축제를 개최한다. 도심 속 60여 개 건 물의 옥상을 시민에게 개방하고 다양한 활동가, 예술가들이 재 치 넘치는 아이디어를 통해 매력적인 이벤트로 수놓는다. 이렇 듯 새로운 문화 플랫폼으로서 옥상이 수용하는 콘텐츠의 종류 는 더욱 다양해지며, 그것을 향유하는 주체 또한 한계가 없다.

20세기 이전까지 동서양을 막론하고 주종을 이루었던 경사 지붕이 역사적 종지부를 찍은 것은 바로 철근 콘크리트와 아스 팔트 방수법의 대두였다. 전자는 평활하고 거주성이 주어진 옥상이 가능토록, 후자는 빗물이 머물지 못하는 가파른 물매의 경사지붕이 필요 없게끔 만들었다. 건축사적으로 분명 지붕이 진화한 옥상은 부재의 공간이었다. 건축행위에서 옥상은 목적 결과물이 아닌 부산물적 공간이기도 하다. 또 일상에서 길을 걷는 사람의 눈높이에서 옥상을 대면할 일은 흔치 않다. 그래서 우리는 옥상의 존재를 잊고 살고 있다.

옥상은 자연, 경관과 문화, 공동체의 가치를 배양하는 장소로 새로 태어나야 한다. 지난 세월 숨 가쁘게 도시가 개발되면서 마당은 대부분 사라져 버렸다. 우리에게 그것은 만남과 소통, 사유와 휴식의 소중한 공간이었다. 우리는 사라진 마당의 기능을 다시 옥상에서 발견할 수 있을 것이다. 삭막한 도시에서 오아시스 같은 역할을 해내는 하늘 마당이 될 수 있다. 옥상의 적극적 개방과 활용은 시민의 일상성을 회복하는 것이다. 이전에 우리는 '마당'이라는 곳에서 손님을 맞이하고 음식을 준비하고 관혼상제의 의식을 치렀다. 마당은 사유지가 아닌 공유지였으며, 이상적으로 이웃과 만나고 소통하는 커뮤니티 공간이었다. 삭막한 도심에서 옥상은 마당처럼 일상성을 회복하고 공동체 정신을 북돋는 희망의 공간으로 변해가고 있다. 또한 친환경적 측면에서 태양광과 빗물을 저장하고 텃밭으로 식량을 생산하는 부수적인 가능성도 지닌다.

뉴욕과 런던에서 열린 목욕탕 극장(위)와 루프탑 시네마(아래)

천년고도 서울을 예로 들어보자. 도처에 산재하는 옛길들과 하천, 문화자원들을 방치된 옥상과 결부하면 매력적인 도시 활력소가 될 것이다. 남산과 종묘를 남북으로 잇는 세운상가 옥상, 종묘와 북악을 배경으로 인사동과 익선동의 옛 도시조직을 동서로 잇는 낙원상가 옥상, 청계천과 동대문을 마주하는 평화시장 옥상 등이 그러하다. 그러한 옥상에서 만나는 수려한 자연 풍경과 역사 경관을 배경으로 사람들의 다양한 여가 문화활동의 터전을 만든다면 세계적인 명소가 될 것이다. 차가 아닌 사람을 위한 도시를 만들기 위해 머물며 쉬고 바라보는 장소가 필요하다. 시민을 위해 곳곳에 마련된 하늘 마당은 보행을 위한 도시 서울을 완성하는 기저가 될 것이다. 살아 있는 역사의 전망대이자 시민을 위해 열린 문화의 마당, 또한 외국인들을 위한 관광 거점으로서 도시의 마지막 미답지인 옥상에 대한 적극적 시도가 필요하다.

서울의 풍경은 굽이치는 산과 언덕의 자연, 도시가 묘하게 어울리는 독특한 매력이 있다. 우리는 높은 곳에 올라 자연이라는 경관을 자신의 깊은 내면세계와 결합해 우리가 경험치 않고 보지 못한 감성의 풍경으로 탈바꿈시킨다. 마주한 풍경을 벗어나도 그 장소는 향수로 우리 마음속에 오래 남아 있게 된다. "풍경은 나를 통해 스스로 사유하며 나는 그것의 의식으로 성립된다." 프랑스 화가 세잔의 말이다. 풍경은 거기서 일어나는 여러 상호관계의 놀이 속으로 우리를 흡수하기도 하고, 그 안에 존재하는 다양한 긴장감으로 보는 이에게 활력을 불어넣기도 한다. 또한 그 안의 뭔가 특별한 것이 우리에게 존재한다는 느낌을 일깨우는 것 같기도 하다. 전망대에서 원경을 바라보며 우리는 꿈에 빠지기도 하고 몽상가가 되기도 한다. 그 속에서 지각적인 것은 감정적인 것으로 바뀌고, 사물의 물리성은 흐릿해져 저 너머로 이어지는 무한함 속에 잠겨버린다. 발아래 드넓게 펼쳐진 풍경 속에서 관찰자는 그것이 단순한 지역의 일부분이 아닌 우리 삶이 끊임없이 활력을 얻는 근원이라는 것을 깨닫게 된다.

도시의 맑은 바람과 높은 하늘을 만날 수 있는 서울의 옥상, 창신동 이야기를 해보자. 창신동은 서울에서 가장 역동적인 곳이다. 창신동은 일제강점기 경성부에서 직영 채석장으로 운영됐으며 현재 잘린 땅이 곳곳에 남아 있다. 한국은행, 옛 서울역, 옛 서울시청, 조선총독부 건물을 지을 때 이곳에서 나온 돌을 사용했다. 이곳에서 나오는 화강암의 질이 좋고 위치가 동대문 바로 밖이기 때문에 실어 나르기도 편했다. 해방 이후 채석은 중단됐고, 1960년대 무렵 사람들이 들어와 마을을 이뤘다. 채석장 절개지는 창신·숭인 지역의 독특한 주거지 경관을 형성하고 있는 곳이다. 뉴타운으로 지정되어 아파트 공화국이 될 뻔한 이곳

전망대가 된 채석장 전경

전망대에서 바라본 동망봉 채석장터

은 주민들의 반대와 자립으로 도시재생지역 1호로 지정된 마을이기 때문에 이곳만의 방식, 사람 냄새를 제대로 풍기고 있다. 또한 앞에서도 언급했듯이 봉제업체 1,100여 개와 봉제 종사자 3,300여 명이 몰려 있어 우리나라 봉제 산업 1번지로도 불린다.

서울시는 지난해 봉제역사관을 열었고, 창신동 봉제 장인이 참여하는 상상 패션 런웨이와 소잉마스터 아카데미도 운영 중이다. 또 미디어 아티스트 백남준의 옛 집터에 있는 한옥을 매입해 2017년 백남준 기념관을 개관했다. 일제강점기에 시작된 채석장은 어느새 100년의 역사를 품고 있지만 현재는 방치된 채 자원 회수 시설과 청소 차량 차고지, 무허가 주택, 경찰기동대 등이 무질서하게 들어서 있다. 비록 아픔과 서러움이 깃든 곳이지만 모두가 가꾸고 보존해야 하는 소중한 역사·문화 자원이기도 하다. 새로운 전망대를 촉매로 장소의 기억과 자연경관의 재생을 도모한다.


이 폐쇄된 공간을 열어낸 해법에는 2가지 의도가 있다. 첫번째는 60m 아래 역사적인 채석장과 이를 둘러싼 도시경관을 감상할 수 있는 플랫폼을 만드는 것이고, 두 번째는 일대에서 가장 높은 곳인 배수지(고지대에 식수를 원활히 공급하기 위한 펌프시설)의 닫힌 영역으로 보행길을 형성하여 공중정원을 만드는 것이다. 현장에 가보니 기존 부지보다 낙산배수지에서 보이는 풍경이 훨씬 훌륭해 활용법을 고민했다. 문제는 낙산배수지가 보안시설이라는 점이었다. 관련법을 검토해 제한 접근 거리를 모두 지킨 가운데, 배수지 위를 지나는 입체 구조물인 보행 데크를 제안했다. 관리 기관은 난색을 표했지만 입체 구조물에 대해서는 금지하는 법도, 허용하는 법도 없었다. 결국 창신동 전망대는 끊어진 역사의 풍경을 연결하고 닫힌 도시의 영역을 공원으로 만드는 이곳만의 특수한 해법을 찾게 되었다.

## 왜 낙원상가를 부수지 않고 재생했을까?

어떤 것이 좋은 도시 재생인가에 대한 논의는 끊이지 않는다. 낙후된 특정 지역을 재생하니 외부의 사람들이 모여들어 원주민은 떠나야 하는 젠트리피케이션과 같은 오작동이 빈번한 현실이다. 원래 그 장소에 존재하던 삶의 관계를 풍요롭게 만드는 과정이 도시 재생이기 때문에 주민의 입장에서 필요한 것을 지속 가능하게 하는 것이 중요하다.

낙원상가는 1969년 서울 종로구 낙원동에 지어진 주상복합 건물이다. 특이하게 도로 위에 지어진 건물로 도로의 소유주만 해도 100명이 넘는다. 지하에는 시장이 있고 1층은 도로, 2, 3층은 세계 최대급의 악기 상가, 그리고 그 위에는 사무실과 영화관, 아파트로 구성되어 있다. 단일 건물이라기보다는 하나의 도시에 가깝다. 우선 도시 속에서 낙원상가의 문제점은 폐쇄적이고 비대한 외관으로 인해 주변 경관을 가로막고, 보행성에 있어서도 하부의 음침한 도로로 인사동과 익선동 사이를 단절한다는 것이다. 내부적인 문제는 2층의 악기 상가와 지하 시장이 길에서 쉽게 접근이 이루어지지 않아 활기를 잃었고 아파트나 사무실에 편의시설이나 녹지가 부족하여 매우 삭막한 거주 풍경을 자아내고 있다는 것이다. 그리고 무엇보다 건물 내부는 모두 민간의 소유라 변경이 불가했다. 나는 이러한 안과 밖의 복잡한 문제들에 대해 전체를 건드리는 대수술이 아니라 핵심이 되는 버려진 옥상이나 건물 주변 공간에 초점을 맞추어 침술과 같은 도시 재생의 방법으로 주변과 내부가 함께 활성화될 수 있도록 접근하였다. 낙원상가 재생 설계안을 조금 자세히 설명해보겠다.

재생을 위한 설계의 핵심은 '원칙 없음'이었다. 반드시 현장에서 모든 것을 관찰하고 주민의 목소리를 경청하면서 그곳만의 특수한 관계성을 발굴하는 것이다. 원래의 도면을 토대로 오랜 세월 변형된 요소들을 체크하고 시간별로 사람들의 행위를 꼼꼼히 분석했다. 악기상가회, 주민회, 시장대표, 극장운영자, 구청 담당자를 비롯한 수많은 관계자들을 여러 차례 만나고 설명회를 진행하느라 당초 6개월 계획이었던 사업이 1년을 훌쩍 넘어가고 있었다. 그럼에도 고정된 원칙이나 선입견을 가지지 않고 뭐든지 가능하다는 열린 마음가짐으로 수많은 대안들을 만들었다. 그러는 사이 점차 군더더기 없는 핵심의 가치에 다다를 수 있었다. 사적영역을 그대로 둔 채 단순히 껍데기만 포장하는 방식을 피해 낙원상가 자체가 수직 도시이므로 입체적인 도시재생의 방법을 택하였다. 그것은 단순히 낙후된 것을 보수하는 것이 아니라 그동안 쓰이지 않은 유휴공간의 가치를 발견해 입체화하는 것이다.

낙원상가 개선의 핵심은 옥상 4곳의 공원화로서 5층 및 16층 옥상에 전망대를 설치해 북악산, 창덕궁, 종묘, 동대문, 남산 등 동서남북 전체의 빼어난 경관을 바라볼 수 있는 사대문안의 역사 도심 조망 명소를 만드는 것이었다. 6층 아파트의 옥상은 주민들을 위한 텃밭으로 조성해 도시농업을 생활에 밀착시켜 살아있는 체험 마당으로 가꾸고, 극장 앞 4층은 테마형 공연장으로 조성해 다양한 활동의 장으로 활용함으로써 숨어있던 공간을 시민들에게 개방하고자 했다. 또한 입체 보행로를 계획하여 악기 상가와 열린 옥상으로 연결하고 인사동과 익선동을 원활히 이어주도록 하였다. 지면에는 삭막한 주차장을 이전하고 그 자리에 시민들이 음악 관련 교육이나 전시를 향유할 수 있는 작은 앵커 시설들을 흩뿌려 놓음으로써 낙원상가와 시민들이 소통을 더 활발히 할 수 있도록 할 것이다.


경관의 단절에서 전망의 명소로, 보행의 단절에서 입체 보행 연계로 건물의 유휴공간을 활용함으로써 오랫동안 단절되었던 장소에서 벗어나 색다른 매력을 발산할 수 있는 보행 동력

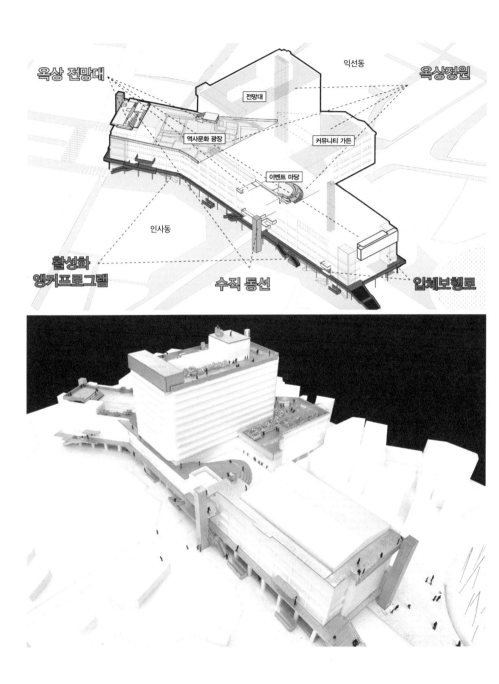

옥상 전망대

옥상정원

익선동

전망대

역사문화 광장

커뮤니티 가튼

이벤트 마당

인사동

활성화
앵커프로그램

수직 동선

입체보행로

단절된 공간의 보행로를 열고 전망 명소로 변화시킨 낙원상가 재생 구상도(위)와 설계안(아래)

으로 새로운 가치를 부여코자 하였다.

올해(2021년) 프리츠커 건축상을 수상한 프랑스의 안 라카통Anne Lacaton과 장 필립 바살Jean-Philippe Vassal은 기존 건물을 절대 부수지 않는다는 원칙으로 주목을 받았다. 그들은 이렇게 말했다. "건축은 드러내놓고 표현하거나 강요하는 것이 아니라 친근하고 유용하여야 하며 그 속에서 삶이 지속될 수 있도록 조용히 도울 수 있어야 한다." 1980년대 이후로 낙원상가는 수차례 철거의 위기에 처했다. 과거 우리의 개발 시대에는 광범위한 재개발이 이뤄졌다. '철거는 선善'이었다. 낡고 지저분한 옛것은 보존이 아닌 파괴의 대상이었다. 산업화와 도시화라는 미명 아래 끊임없이 허물어지고 다시 들어서는 과정을 반복하며 서울은 역사성과 다양성을 잃었다. 수많은 사람이 일상을 영위하는 낙원상가는 비록 아름답거나 편하지 않을지 몰라도 도시적으로는 매우 중요한 공간이다. 최소한의 개입을 통해 제약을 해결하고 다시 도시와 우리 삶에 열리도록 하는 것은 건축이 가진 힘이다.

재생을 위한 설계의 핵심은
'원칙 없음'이었다.
반드시 현장에서 모든 것을 관찰하고
주민의 목소리를 경청하면서
그곳만의 특수한 관계성을
발굴하는 것이다.
최소한의 개입을 통해
제약을 해결하고 다시 도시와
우리 삶에 열리도록 하는 것은
건축이 가진 힘이다.

## 태고의 주거공간, 지하 세상이 열린다

건축역사상 인류 태고의 주거공간은 동굴이었다. 비바람을 막고 음식을 저장하고 불을 피울 수 있는 동굴 속 공간은 쉴 새 없이 변화하는 외부세계와 구분되는 정적인 공간이다. 그곳에서 비로소 인류의 문명은 진화하였고 또한 문명의 발전에 상응하여 지하공간은 변화되었다. 기술의 발달로 땅속 바위를 파내는 일의 어려움이 해소된 뒤에도 한동안 지하공간은 소음이 큰 발전소나 기계 시설을 배치하는 장소에 불과했지만 이제는 도시 생활의 다양한 복합용도로 이용되고 있다. 이러한 변화의 배경에는 도시의 인구 집중에 따른 가용 토지 부족, 공기오염이나 자외선·방사능·전자파·지구온난화의 문제 등으로 인해 부각된 지하공간의 장점이 자리하고 있다. 지상에 비해 지하공간은 항온·항습성, 방음성, 내진성과 같은 에너지 절약 차원과 지상의 자연과 역사적 경관의 보존 등 여러 측면에서 이점이 있다. 또한 지하철, 버스터미널, 주변 건물 등과 바로 연결되는 이동성도 장점이다. 과밀화된 도시에서 지하를 보다 적극적으로 활용함으로써, 지상의 밀도 증가를 억제하는 수단이 되기도 한다.

핀란드의 경우 템펠리아우키오 지하교회, 레트레티의 지하콘서트홀은 건축미학적 측면뿐만 아니라 음향효과 면에서도 세계적 관광명소이다. 레트레티 아트센터의 콘서트홀은 지하 30m 암반의 노출과 근사한 조명 효과를 통해 마치 무대가 호수 위에 떠있는 듯 극적 효과를 연출한다. 사시사철 쾌적환 환경에서 클래식, 팝, 재즈 등 다양한 장르의 공연이 개최되고 갤러리에는 작품성 높은 예술작품들이 상시 전시 중이다.

마찬가지로 한여름 뜨거운 태양을 피해 도심 속 지하에 펼쳐진 물놀이터가 있다면 어떨까? 1993년에 개장된 핀란드 이타케스쿠스의 수영장은 풍부한 자연 채광과 환기를 고려해서 만든 지하수영장으로 지역민들에게 인기가 높다. 기네스북에도 등재된 캐나다 토론토의 거대 지하보행로 패스Path는 매년 할인 행사를 통해 전 세계 관광객들을 끌어모은다. 몬트리올의 언더그라운드 시티는 여의도 면적의 1.5배로 세계에서 가장 큰 지하도시다. 한 걸음 더 나아가 이제는 땅속에 지하공원이 만들어지고 있다. 뉴욕에 있는 로라인Lowline이라는 이름의 이 공원은 축구장 2배에 달하는 넓이로 기존 전차터미널 지하공간에 국내 업체의 자연 채광기술을 활용해 식물을 자라게 하는 실험적인 프로젝트다. 여기서 다양한 식물의 재배를 시험하고 그 농작물을 조리하여 파티를 하는 단계라고 하니, 지하도시의 새로운 가

핀란드의 지하교회와 지하콘서트홀(위) 핀란드 이타케스쿠스의 지하수영장(아래)

뉴욕의 지하공원 로라인

능성은 인류의 상상력과 기술적 발전의 조합으로 나날이 무궁무진하다.

서울도 영동대로, 세종로, 을지로 등 강남·북 주요 거점에 대규모 지하개발을 연이어 계획 중이다. 보행 중심의 인문도시에서 한양 도성길과 서울로, 세운상가의 입체 보행로, 고가하부 커뮤니티, 한강 접근로, 서울 둘레길에 도심 여기저기의 단절된 지하 연속보행이 함께 어우러진다면 세계 다른 도시와는 비교할 수 없을 정도의 매력적인 입체 보행 도시가 될 수 있다. 이제 도시건축 계획에서 지표면을 기준으로 한 지상과 지하의 구분은 무의미해 보이며 도시의 새로운 미래는 지하의 가능성을 간과하면 성립하지 않는다.

내년(2022년) 개장 예정인 대방동 지하벙커는 오래전에 지어진 군사시설로, 정확한 조성 시기는 알려지지 않았다. 가로 45m, 세로 12m, 높이 10m의 이 거대한 공간은 아파트단지 옆 근린공원의 경사지 안에 조용히 묻힌 채 완전히 도시에서 잊힌 공간이다. 한때 주류업자가 와인 저장고로 쓰다 이후 공원의 자재창고로 거의 방치되어 있었다.

주변에는 20개의 학교들이 밀집해 있지만 마땅히 청소년들을 위한 놀이 공간은 턱없이 부족한 상태에서 벙커를 활용해서 매력 있는 비밀 아지트를 만들면 좋겠다는 생각으로 프로젝트는 시작되었다. 최근 벙커를 활용한 프로젝트들이 주목을 받은 것도 한몫했다. 제주도 빛의 벙커와 여의도 지하벙커 전시장이 대표적인 사례이다. 하지만 그 활용 면에서 모두 정적이고 일방향 소통의 전시 활용일 뿐 동적인 활용이나 공동체의 소통 공간으로 재생된 경우는 전무하다. '벙커'라는 비일상적이고 특수한 환경에 어떻게 많은 청소년들이 함께할 수 있는 스포츠와 창작활동, 교육과 휴식을 위한 장소를 만들 것인지가 주어진 과제였다.

나는 벙커시설의 원형을 살리면서 공간 특성을 고려한 입체적인 동선을 계획하였다. '숲속, 우리들만의 비밀기지'라는 테마 안에 '광장, 입체 길, 시설로 이루어진 작은 도시'의 공간 구조를 적용하였다. 도시에서 길과 광장을 따라 연결된 방들은 시간이 지나도 공간의 골격은 유지한 채 다채로운 시설로 변화 가능한 구조가 된다. 원래 하나였을 공간을 다시 바닥부터 해체하여 하나로 원형을 살리고 부분적으로 다락을 매달아 3개 층까지 다양한 공간의 깊이를 만들고자 한다. 벙커 내부 1층에는 가상현실VR을 접목해 다양한 스포츠를 즐길 수 있는 ICT(정보통신기술) 스포츠시설과 다목적 공연장이 들어선다. 2층으로 가면 청소년과 지역주민들이 다양한 모임과 활동을 할 수 있는 동아리실, 세미나실, 북라운지를 만날 수 있고 3층에는 아늑한

지하벙커를 문화공간으로 활용한
여의도 지하벙커 전시장(위)과 제주도 빛의 벙커(아래)

대방동 지하벙커의 현재 공사 모습

다락 카페가 있어 아래의 다양한 활동을 보면서 휴식할 수 있을 것이다.

벙커 출입구 앞마당에는 경사지를 활용한 숲속음악당이 생긴다. 녹지 스탠드와 광장을 구성하여 쉼터, 외부공연, 강연 등 다양한 의미의 소통이 이루어지는 열린 문화공간이 될 예정이다. 낡은 군사시설인 벙커의 물리적 환경을 개선하는 것은 물론이고 청소년과 지역주민의 커뮤니티 거점 공간을 제공해 새로운 가치를 더할 것이다.

'유휴공간'의 활용은 물리적 환경의 개선뿐 아니라, 주변과 지역을 연결, 통합하는 재생으로써, 낡은 곳을 고치는 차원이 아닌 새로운 가치를 지역에 더할 수 있는 과정이 되어야 한다. 무엇보다 나는 이 공간이 특정적 시점의 제한된 용도를 잠시 빛내고 마는 형식이 아니길 원했다. 따라서 오래된 벙커가 오늘뿐만이 아니라 앞으로 변하는 미래의 다양한 가능성과 그에 따른 용도 변경을 지원하는 가능성의 틀을 구축하는 것에 방점을 두었다. 그래서 그것이 하나의 작은 도시와 같이 길과 광장, 그리고 작은 집들로 서로 소통하는 틀을 만들었다. 그리고 나머지는 세부적으로 얼마든지 사용하는 사람들이 편하게 바꾸어 채워 넣을 수 있는 가능성의 재생이다.

하나의 작은 도시처럼 작동하는 대방동 지하벙커 설계안

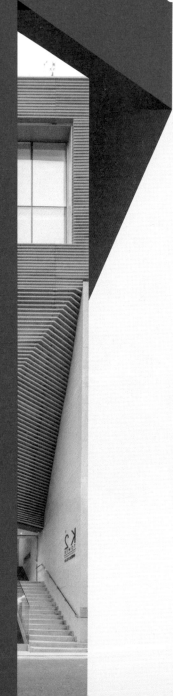

# PART 3.

# 왜 '만들다'가 아니고 '짓는다'일까?

## 일단은 꿈꾸던 스포츠카부터 사듯이

일본의 사상가이자 예술가인 테라야마 슈지*가 1967년 처음 자신의 글에 사용한 '일점호화주의一點豪華主義'란 이것저것 평균화시켜 생각하지 말고 하나에 몰입하자는 가치론이다. 예를들어, 이불 한 장으로 아무 곳에서나 자도 상관없으니 일단은 꿈꾸던 스포츠카부터 사고, 사흘 동안을 빵과 우유 한 병으로 버틴뒤 나흘째는 미슐랭급 레스토랑에 가는 식이다. 쥐꼬리만 한 월급을 양복이나 주거비용, 식비 등에 일정하게 배분하지 말고 자기 존재 중 쏟아부을 만한 가치가 충분하다고 여겨지는 한 점을 골라 그곳에 집중하라는 것이다. 그럼으로써 특별한 자신만의 경험을 축적해 나가는 것은 그에게 있어 지극히 사상적인 행위라는 것이다.

나는 일점호화주의가 사상적인 행위라는 데 공감한다. 균형 잡힌 타성 속에서 여러 가지 가치들의 평균을 줄줄이 늘어놓는 태도를 버리고 어느 한 곳에 집중하는 것은 개인의 철학적 소신 없이는 이루어질 수 없기 때문이다. 그것은 선택과 집중의 논리이기도 하며, 실행력에 기초를 두고 있다. 이러한 이념은 비단

형태적 기념비성에 집중한 K2타워 프로젝트

통일감 속에 다양한 깊이감을 갖는 K2타워

소비나 생활방식의 가치관뿐 아니라 집을 짓는 행위에도 적용할 수 있다.

강남 대치동 뒷골목 한 켠에 위치한 K2타워의 설계에는 이러한 철학이 담겨 있다. 이는 땅의 조건과 건축법규, 예산과 규모 측면에서 모든 제약들이 서로 실타래처럼 엮인 상태에서 형태적 기념비성에 집중한 프로젝트다. 일조권 사선 후퇴에 따라 웨딩 케이크처럼 층층이 위로 갈수록 작아져야 하는 제약을 극복하여 연속적이고 단아한 하나의 덩이를 이루고 있다. 외장은 시멘트 패널이라는 싸고 흔한 재료를 미늘판Louver으로 재단하여 낯설게 보이도록 하였다. 보는 시점에 따라 건물은 통일감 속에 다양한 깊이감을 가지며 요란한 간판들로 뒤덮인 주변에 강렬한 풍경을 만든다.

우리는 특이하게도 집을 '만든다'고 말하지 않고 '짓는다'고 말한다. 집 말고 우리가 '짓는' 것에는 밥, 농사, 시 등이 있다. 이들을 짓는다고 표현하는 데는 그럴 만한 이유가 있다. 뚝딱뚝딱 되풀이해서 '만드는' 것과 달리 '짓는' 것은 이러한 행위가 우리 개개인의 삶을 이루는 바탕이 되는 중요한 창조이기 때문이다.

앞서 말했듯이 설계는 항상 새로운 장소와 그곳에서 새롭게 생활하게 될 사람들, 그리고 그들의 새로운 꿈을 잇는 작업이다. 그러나 한편 매번 낯선 제약들을 만나는 것이 설계이기도 하다. 큰 바람을 가지고 시작하지만 이것 저것 보고 들은 좋은 것들은 다 품으려는 소유자의 욕망에 비해 항상 부족한 예산과 대지 규모, 구태의연한 가치관, 그리고 까다로운 법규 등에 의해 이도 저도 아닌 모습이 되고 마는 게 다반사이다.

그럴 때일수록 오히려 일점호화주의적 행위를 통해 과감히 하나에 몰입하려는 자세가 강력한 지렛대로 작용한다. 건축에 담고자 하는 미래의 염원을 익숙하지 않은 공간적 가치로 구현하는 것, 그 속에서 장소와 사람이, 인간과 자연이, 건축과 도시가 서로 소통하는 풍경을 꿈꾼다. 일상의 무대로서 우리 삶을 풍요롭게 만드는 건축은 도시 안에서 극적인 생활을 누릴 수 있는 공간을 그 안에 품어야 한다.

---

＊**테라야마 슈지**: 1960~1970년대를 기점으로 활발히 활약한 전위주의 시인, 극작가, 영화감독이자 사진가이다.

## 사람의 행동에 따라 유연하게 변신하는 미래의 집

일견 복잡해 보이는 도시계획의 단순 명쾌한 핵심은 '과밀의 질서를 얼마만큼 쾌적한 상태로 조직하는가'이다. 지금껏 많은 건축가들은 보다 크고 많은 건물들을 기반시설이 제공된 한정적 영역의 '도시' 속에 최대로 넣기 위해 애써왔다. '기능'이라는 명목 아래, 곳곳을 용도지구로 구분하고 위계에 따라 ○○중심 같이 인위적인 질서를 부여했다. 밀도가 높아지면 광장이나 공원을 삽입하여 숨통을 틔웠다. 이러한 집중화에 대한 숭배는 오늘날 환경 및 사회적 차원에서 다양한 도시문제를 야기하며 점차 그 유효성에 의문을 갖게 만들었다.

이러한 방식과 대조적으로 건축가 프랭크 로이드 라이트가 그의 말년인 1935년 제안한 이상도시 '브로드 에이커 시티(새로운 공동체 계획안)'는 눈여겨 볼만하다. 도무지 어디까지가 도시이고 어디까지가 농촌인지 구분 없이 '분산되어' 펼쳐진 풍경을 확인할 수 있을 것이다. 브로드 에이커 시티는 극단적인 저밀도 시이다. 광장이나 도시를 지배하는 중심이 없으며, 자연이 인간에 의해 밀려나는 곳 없이 조화롭다. 철저히 분산되고 무한으로 확산되는 공동체 실현의 배경에 라이트가 생각한 새로운 기술들이 있다. 이 신세계에서는 자유로운 이동을 가능케 하는 새로운 교통수단(드론), 시민 상호 간의 완벽한 소통을 가능케 하는 새로운 전자 통신(광통신), 또한 화폐 중심의 경제체제를 대신한 새로운 교환수단(신용카드 및 가상화폐), 소유보다는 사용과 공적 개발에 초점을 둔 토지 개념(공적토지), 마지막으로 인류의 복지에 이바지하는 새로운 기술의 공유가 있다. 무려 85년 전 그가 예측한 이러한 신기술들은 오늘날 이미 구현되었거나 실현을 목전에 둔 것들이다. 라이트는 이러한 기술들에 대한 체계적이고 종합적인 지식은 없었던 것으로 보이며 대부분이 건축가로서의 직관에서 비롯되었다는 사실은 실로 놀랍다. 그는 대학교를 포함한 그 어떤 정식 제도권 교육도 받지 않았고, 스스로 생각하고 실천하며 독자적인 자신의 건축세계를 창조한 건축가이다.

한편, 현재 지구촌을 휩쓴 코로나 팬데믹 사태는 1918년 스페인 독감 이후 100년 만에 돌아온 문명사적 전염병이자 세기적 전환점이다. 어쩌면 4차 산업혁명이 역설적으로 이 전염병 때문에 본격화될 것으로 보인다. 더 이상 과밀한 도시가 이점을 지니지 않는 시대, 비대면 문화와 거리 두기, 스마트 모빌리티의

도시와 자연의 경계가 사라진 브로드 에이커 시티의 상상도

비약적 약진은 우리 도시를 어떻게 변모시킬 것인가. 라이트가 오래전 그린 '사라지는 도시'의 모습은 오늘날 지구촌을 휩쓴 바이러스 대재난에 대응하는 다가올 시대를 예측하고 있다.

국민 모두 집에 머무는 시간이 비약적으로 증가하였다. 이에 따라 기존의 정형적이던 집 공간에 대한 모두의 인식이 급격하게 변화하고 있다. 온라인 세계의 확장과 더불어 우리는 집에서 일을 하고, 수업을 듣고, 운동을 하고, 유명 레스토랑의 음식을 즐기고, 심지어 콘서트를 보기도 한다. 다기능화된 집의 가치를 발견하였다. 각종 채널은 집방 프로그램들로 채워짐으로써 새로운 주거공간에 대한 사람들의 관심도가 얼마나 높은지를 보여준다. 이러한 현상은 바람직하게도 집이 우리에게 '부동산'이라는 교환가치에서 점차 삶의 질을 형성하는 '정주가치' 중심으로 새로이 정의되고 있음을 말해준다. 오랜 기간 수많은 건축가가 창의적인 공동주택 설계안을 통해 '소유하는 집'이 아닌, '함께 삶을 즐기는 집'을 역설하였으나 아무래도 코로나 바이러스만큼의 설득력은 없었던 것 같다.

근대 이후 집은 서양처럼 목적에 따라 방이 구분되었으나 다시 우리 고유의 집과 같이 사용자의 행위에 따라 보다 유연하고 다기능적으로 사용되고 있다. 그리고 한 걸음 더 나아가 공간 곳곳에 개성을 담으려는 시도가 부각된다. 가장 보수적인 아파트 평면도 거주자의 특성을 담을 수 있는 알파룸이나 가족 구성에 맞춘 가변적인 평면 구성은 기본이다. 이제까지 발코니는 실내 면적 확장의 대상이었으나 다시 자연과 교감하는 소중한 공간으로 주목받고 있다. 이러한 시점에서 오래된 한 장의 건축 스케치는 눈길을 사로잡는다. 단독주택을 마당과 함께 층층이 쌓아 만든 고층아파트는 마치 수직마을을 연상시킨다. 이 구상은 건축가가 아닌, 한 만화가에 의해 1909년 미국의 저명한 시사 잡지 〈라이프Life〉에 게재되었다. 이것은 당시 등장한 철골 기술을 토대로 마천루의 이상적 형태를 묘사한 상상도이다. 가늘고 경쾌한 철골 기둥에 의해 원래 땅의 크기와 같은 각 층 바닥 면이 84개 층 높이로 증식되어, 층마다 다채로운 집과 마당이 함께 들어서 있다. 코로나가 가속화한 집에 대한 해답은 전통 주택이나 수직마을과 같이 모두 과거의 지혜 속에 있다.

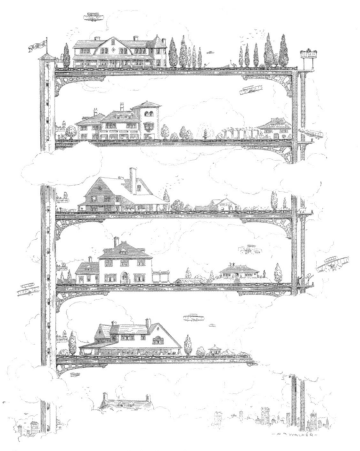

"BUY A COZY COTTAGE IN OUR STEEL CONSTRUCTED CHOICE LOTS, LESS THAN A MILE ABOVE BROADWAY. ONLY TEN MINUTES BY ELEVATOR. ALL THE COMFORTS OF THE COUNTRY WITH NONE OF ITS DISADVANTAGES."—*Celestial Real Estate Company.*

1909년 <라이프>에 게재된 수직마을의 건축 스케치

## 남들보다 높이, 남들보다 화려하게

'살기 위한 기계'와 어떠한 기능도 모두 수용할 수 있는 '보편적 공간Universal Space'. 르 코르뷔지에와 미스 반 데어 로에의 주된 건축적 사상이다. 지난 20세기 건축은 단순하지만 명확한 이 2가지 생각에 기초했다. 전자는 철저한 기능 분리에 따른 고밀도화, 후자는 특색 없이 공장에서 찍어낸 듯한 모습으로 우리의 거주 풍경을 지배하였다. 르 코르뷔지에는 1925년, 역사의 도시 파리 한복판에 거대한 고층아파트 단지가 들어선 것을 상상하고 설계했다. 이 아파트는 간선도로에 인접하고 빛과 녹음이 풍부했다. 그는 이를 이상적인 미래 도시로 보았다. 이보다 3년 앞선 1922년, 미스 반 데어 로에는 베를린의 낮은 석조 건물들 사이에 유리로 된 강렬하면서도 우아한 모습의 초고층 건축물을 제시했다. 두 작품 모두 어느 건축가도 시도한 적 없는 '새로운 건축' 그 자체였다. 양대 건축가의 1920년대 이념들은 1950년대 초반 마르세유와 시카고에서 실현되었다.

우리의 고층아파트는 1964년, 비로소 처음 엘리베이터가 설치된 11층 힐탑아파트를 효시로 만들어지기 시작했다. 1970년 대에는 대단지 고층인 반포주공, 잠실주공 등이 완공됐다. 우리 나라의 주택 갱신주기는 30년으로, 세계적으로 매우 짧다. 실제 구조물 수명보다도 지난 시대의 개발 우선주의에서 비롯된 것 이다. 최근 잠실 5구역이나 중계동 백사마을 재개발의 경우, 조 합과 국제 공모를 통해 당선된 건축가의 마찰로 한 치 앞을 내다 보지 못하고 있다. 함께 사는 좋은 도시를 만들기 위한 건축가의 치밀한 고민은 소수의 조합이 내세우는 편향된 이기심 앞에 진 통을 겪고 있다. 건축이 가지는 공적 가치와 사유재산권 사이 갈 등 속 우리의 사회적 합의는 아직 요원할 뿐이다.

양적 생산에 초점이 맞춰진 지난 시대, 개발에 의한 고층 고밀화는 큰 역할을 했다. 오늘날 서울에서 진행되는 재개발은 100년 전 모더니즘 건축가들의 꿈의 결실이라 할 수 있을까? 그 것은 모든 도시민의 생활환경이나 복지 향상으로 이어지고 있 는 것일까? 점차 줄어드는 인구에 지속적으로 적용이 가능한 모 델일까? 그것이 모두를 위한 것이라면 '보다 높게'는 '보다 싸고 폭넓게'가 되어야 함에도 현실은 그렇지 않다. '보다 높게'는 단 지 '보다 비싸게'에 초점이 맞춰져 있을 뿐이다.

어디서나 똑같은 방식의, 외관이 유리로 된 고층아파트가 유행이다. 더 화려하게 보여야 내 아파트가 더 좋고, 더 비싸고,

더 가치 있다는 잘못된 망상 때문이다. 땅의 문맥, 지역의 특색을 무시하고 어디서나 균질하게 진행되는 방식은 도시의 특성과 활기를 평준화시키고 나아가 사람들의 개성마저 균질화시킨다. 지난 시대에 우리는 표준화를 통한 근대화에 성공함으로써 대량생산을 통한 획일화된 사회로 진입했다. 때문에 이제까지 아파트에는 다양한 삶의 가치와 형태가 없었다. 또 기능에 따라 칼로 자른 듯한 구획과 편리함만을 추구한 결과로 오늘날 우리의 아파트는 점차 자연으로부터 멀어지고 있다. 안과 밖이 구분되고 내 것과 남의 것이 구분되는 이분법적 공간이 만들어진 것이다.

## 작은 건축과 사이 골목길이 만드는 어울림의 질서

지구상에는 인구 천만 이상이 거주하는 도시가 25곳 정도 있지만 산세 지형을 기반으로 한 곳은 서울이 유일하다. 이는 뉴욕, 도쿄, 베이징, 파리, 런던과 같은 평지 입지와는 근본적으로 차별되는 고유성이다. 서울은 내사산과 외사산이 조화를 이뤄 만드는 입체적 지형 속에 한강과 여러 지천이 어우러져 고유한 아름다움의 결정체를 보여준다. 건축가 승효상은 이렇게 말했다.

수려한 산수가 주된 도시의 랜드마크인 우리 도시의 건축은 자연의 위대한 질서를 훼손하지 않도록 잘게 나누고 서로 연결하여 만드는 것이 옳다. 마치 자로 그은 듯한 외국 평지 도시의 질서와는 달리 다양한 틈과 흐름이 좋아야 한다. 작은 건축과 사이 골목길들이 만드는 아기자기하고 느슨한 질서의 어울림이 우리 도시공간의 정체성이다.

이러한 작은 조직의 복잡다단한 관계성이 천만 가구의 삶을 담는 아파트에도 적용되면 어떨까?

미니맥스 아파트와 공릉 컴팩트 시티 설계안

천편일률적으로, 긴 담장이 이어지거나 울타리로 둘러쳐진 경계는 답답하기 그지없다. 반대로 작은 공동주택들이 오밀조밀 입체적으로 쌓여 주변 경관과 보행을 막힘없이 열어주는 새로운 아파트를 상상해본다. 마당으로 소통이 가능한 최소 단위인 10가구 정도의 저층 집합주택(큐브)을 입체적으로 엇갈리게 쌓는다. 단위 큐브들의 자유롭고 느슨한 조합으로 아래에는 길이 열리고 위에는 경치가 연속된다. 막힘없이 집들 사이 여러 틈으로도 골목이 생겨 바람과 빛이 통하고 옥상들은 하늘마당이 된다. 지난 세월 숨 가쁜 도시 개발 과정에서 사라진 마당, 우리에게 그것은 만남과 소통, 사유와 휴식의 소중한 공간이었다. 이러한 계획의 초점은 사라진 골목길을 아파트에 도입하고 마당의 기능을 다시 옥상 하늘마당으로 치환하는 것이다. 작은 부분들의 질서와 친밀성을 최소 단위로 최대의 연결을 만들어내는 미니맥스Mini-Max 마을이다. 이는 중심이나 위계적 질서에서 출발하는 것이 아니라 소소한 부분들에서 복잡다단한 가치를 찾는 새로운 방식이다.

공릉 컴팩트 시티는 새롭게 시작하는 서울시의 5개 역세권 활성화 사업 중 하나다. 대중교통이 집중된 곳에 부족한 공공임대시설(오피스, 상가, 주택), 공용주차장 등을 동시에 확충함으로써 직주근접과 지역균형 발전을 유도하는 새로운 도시계획이다. 비교적 넉넉하지 않은 크기의 땅에 민간의 주거와 상업뿐 아니라 공공의 주거와 상업, 그리고 업무시설까지 공존하는 것이다. 서로 간의 영역화나 층별 분리가 아니라, 어떻게 서로 공존하며 소통할 것인가가 중요하다. 이러한 복합 시설은 모두가 하부 기단부에 비대한 상업공간을 두고 상부로는 탑상형 아파트로 분절되는 것이 일반적인데, 만약 작은 건물들이 서로 사이좋게 붙어서 일부는 타워가 되고 일부는 저층이 되어 보다 다채롭게 어울릴 수 있다면 새로운 복합성의 대안으로서 기능할 수 있을 것이다.

과학자 일리야 프리고진은 '산일구조散逸構造' 이론을 통해 불완전한 상태에서 작은 요소 간 부분적 관계성의 연쇄작용에 의해 거시적인 안정적 구조가 나타난다고 하였다. 이는 비단 화학 영역뿐 아니라 거대 도시나 아파트의 질서에도 적용되는 원리이다.

미니맥스를 추구한 논현동의 주상복합

## 설계도는 보는 게 아니라 읽는 거다

우리 주변 다양한 건축 시설물들의 기원은 대부분 근대사회의 제도 속에서 만들어졌다. 오늘날의 학교는 균질한 수준의 노동자 육성을 목표로 한 근대 공교육 제도에서 출발하였고, 심신이 건강한 시민을 재생산하기 위해 종합병원이 생겨났다. 신체 체벌형에서 교화를 위한 감금형으로, 근대적 형 집행의 사상 전환에 의해서는 오늘날의 감옥 시설이 만들어졌다. 박물관은 분류학의 등장으로부터, 철도역은 새로운 이동 수단의 발명에서 비롯되었다. 이러한 시설들은 체제를 유지하기 위한 국가의 장치이기도 하다.

건축공간과 제도는 서로 뗄 수 없는 상호의존적 요소이며 건축의 즉물적인 힘을 통해 비로소 제도는 완성된다. 영어단어 'institution'은 '제도'란 뜻과 동시에 '시설'이란 의미도 있다. 시설이 성립하기 위해서는 그것을 지지하는 제도가 반드시 뒷받침되어야 한다. 역으로 제도가 지속되기 위해서는 시설 속에 그 제도를 표방하는 공통된 공간적 특성이 필요하다. 그것을 우리는 건축에 있어서 '유형'이라 부른다.

도덕관은 바로잡을 수 있고 사회는 질병으로부터 안전하게 보호받을 수 있으며, 산업은 활성화할 수 있고 교육은 널리 보급할 수 있다. 빈곤과 범죄는 일도양단으로 해결되지 않더라도 좋은 방향으로 개선할 수 있다. 이 모든 것이 건축의 단순한 아이디어에 의해 실현 가능하다. 이것이 18세기 영국의 공리주의자 제레미 벤담Jeremy Bentham*의 주장이었다. 그가 말하는 단순한 건축적 아이디어란 '파놉티콘Panopticon'을 말한다. 이는 그리스어로 '모든 것을 본다'는 의미로 신화에 등장하는 100개의 눈을 가진 거인 파놉테스로에서 나온 용어이다. 벤담의 동생 사뮈엘에 의해 고안된 파놉티콘은 중앙에 작은 관리자 공간과 그 주위를 빙 두른 수많은 방의 배열로 최소 인원의 최대 감시가 가능한 감옥이다. 방들은 창으로 빛이 들어와 밝고, 중심의 관리자 영역은 어두워 방 안의 사람들은 자신이 관찰당하고 있는지 도무지 알 수 없는 구조이다. 파놉티콘의 '유형'은 감옥뿐만 아니라 우리가 태어나서 죽을 때까지 거치는 신생아실, 학교, 아파트, 회사, 양로원을 아우르는 다양한 건축 시설들의 유형이다. 이러한 공간적 유형은 알게 모르게 그 안에서 생활하는 우리 삶을 조직하는 힘을 가지고 있다.

우리는 외관의 스타일이나 양식에 주목하여 건축을 평가하곤 한다. 이제까지 건축사 또한 미술사의 일부로서 양식에 치중

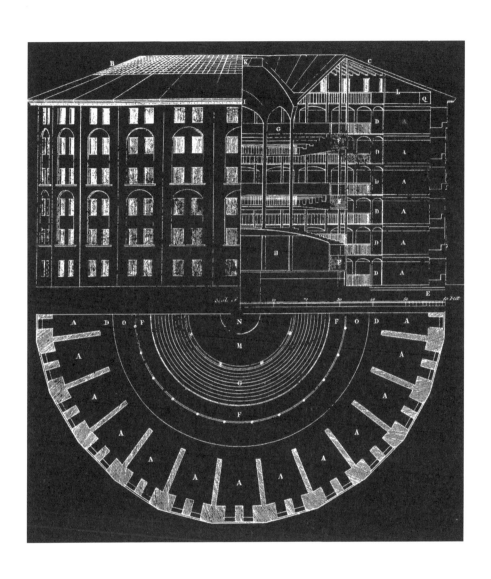

최소 인원의 최대 감시가 가능한 감옥 파놉티콘의 도면

해왔다. 로마네스크, 르네상스, 고딕, 모더니즘, 미니멀리즘 등의 유행 순서대로 양식을 나열해 나가면 그럴듯한 건축사의 체계가 정리된다. 하지만 그것은 껍데기에 불과하다. 예술이 표현의 문제인 반면 건축은 우리 삶 속 다양한 관계들에 대한 해답을 찾는 일이다. 그래서 건축가들은 새로운 삶이 조직된 설계도를 '본다'가 아닌 '읽는다'고 한다. 우리를 만드는 것은 건축이 표현하는 시각적 디자인이 아닌, 그것이 조직하는 제도를 의미한다. 건축의 표피를 절개하여 스타일이라는 화려한 치장물을 발가벗기면 비로소 관계성이라는 속살이 드러나는 것이다.

＊ 제레미 벤담Jeremy Bentham: 런던 출생의 철학자이자 법학자이다. 가치 판단의 기준을 효용과 행복의 증진에 둔 '최대 다수의 최대 행복 실현'을 윤리적 행위의 목적으로 본 공리주의(功利主義) 이론의 제창자이다.

우리를 만드는 것은
건축이 표현하는 시각적 디자인이 아닌,
그것이 조직하는 제도를 의미한다.
건축의 표피를 절개하여
스타일이라는 화려한 치장물을
발가벗기면 비로소 관계성이라는
속살이 드러나는 것이다.

## 좋은 건축은 물이 새는 건축?

비가 내리치던 어느 저녁, 현대건축의 거장 프랭크 로이드 라이트의 사무실에 그가 설계한 위스콘신의 윙스프레드 주택으로부터 전화가 걸려왔다.

"중요한 손님들을 초대한 식사 도중에 천장에서 빗물이 떨어져 난감한데, 어떻게 된 거죠?" 라이트는 당황한 기색 없이 "식탁 위에만 빗물이 떨어집니까?"라고 물었다. "그렇소. 음식들 바로 위에!"라는 대답을 들은 라이트는 "그렇다면 빗물이 떨어지지 않는 곳으로 식탁을 옮기시고 식사를 계속하십시오"라고 답했다.

건축가의 황당한 처방에도 집주인은 이후 라이트가 설계한 집에서 사는 것을 자랑스럽게 여겼다고 한다. 빗물이 조금 새는 것쯤이야 시공 기술상의 문제이기 때문에 이후 간단히 해결됐다. 그가 자랑스럽게 여긴 것은 그 집의 공간적 가치였던 것이다.

이처럼 건축 설계란 우리 삶의 바탕이 되는 공간들을 조직하는 일이다. 주어진 기능을 생각하고, 건물이 자리할 장소의 의미와 훗날까지 유용할 시대적 가치를 담는 일이다. 건물은 빙산과도 같은 것이다. 눈에 보이는 작은 부분에 불과한 형태나 공간을 건축으로 만들어 주는 것은 그 이면에 존재하는 다양한 가치들이다. 자그마한 집 한 채의 설계에도 철학, 생태학, 환경학, 사회학, 도시계획학, 공학, 시각예술학 등 다양한 학문이 동원된다. 짓는 과정에서도 건축가는 다양한 기술 분야인 구조, 전기, 기계, 재료, 시공 전문가들과의 협동을 조율하는 중재자이다. 건축가의 지휘 없이는 이 많은 전문가의 협업이 순조롭게 이루어질 수 없다. 우리가 오케스트라의 지휘자에게 바이올린 연주를 기대하지 않는 것처럼 건축가에게 시공 전문가가 해야 할 일을 기대하는 것은 잘못된 일이다.

건물에서 물이 새는 것은 의학적으로 말하자면 '감기'와도 비슷하다. 환자는 괴롭겠지만 감기는 의사의 문제라기보다는 간단한 처방으로 치유 가능한 문제이다. 누수뿐만 아니라 단열, 차음 같은 것들만을 좋은 집의 절대조건으로 친다면 우리 건축문화는 도태될 수밖에 없다. 집이란 통풍, 채광, 조망도 중요하다. 물론 사는 이의 안락함과 디자인의 심리적 측면도 간과할 수 없다. 이렇게 다양한 요소들의 조화 속에서 좋은 건축은 만들어진다. 문명의 편의성이라는 함정 앞에 전문적 요소에만 집착하다 보면 공간이 가져야 할 인간성을 잃게 되기 마련이다.

라이트는 92세로 생을 마감할 때까지 정열적으로 무려 1,000채가 넘는 집을 설계하였다. 그는 "지붕에서 물이 새지 않았다면 건축가가 충분히 창의성을 발휘하지 않은 것이다!"라는 농담을 남기기도 했다.

## 훌륭한 설계는 지어진 후 100년이 지나서도 기능한다

국회의사당, 서울시청사, 예술의전당 오페라하우스, 그리고 독일 국회의사당, 파리 퐁피두 센터, 시드니 오페라하우스. 차이점은 전자가 20세기 한국 최악의 현대건축, 후자가 20세기 인류문화유산이라는 것이다. 그리고 공통점은 이들이 모두 '설계 공모전'을 통해 지어진 건축물이라는 것이다. 한 해 세금을 들여 짓는 국내 공공건축물의 공사비는 약 30조 원에 육박한다. 이 중 대부분이 설계 공모를 통해 디자인을 결정하지만 시대를 대표하는 명작은 찾아보기 쉽지 않다.

여기서 설계 공모전에 얽힌 다소 허무한 역사적 사건을 하나 짚어보고자 한다. 1931년, 스탈린은 레닌 사망 후 입지를 과시하기 위해 소비에트 의회의 건축을 결정하고 설계 공모에 착수한다. 이 설계 공모에는 르 코르뷔지에를 필두로 세계적 건축가들이 참여하여 획기적인 제안들이 쏟아졌다. 2번에 걸친 공모 과정은 불투명했고 당선작으로 무명에 가까운 자국 건축가 팀이 선정된다. 이는 이후 정부가 설계과정에 개입하기 위함이었다. 확정된 설계안은 무려 100층, 495m 규모였다. 당시 최고 높이였던 381m 엠파이어 스테이트 빌딩과도 비교 불가였다.

　다음은 건물이 들어설 부지확보가 문제였다. 당시 모스크바 중심부는 역사적인 건물들이 많아 넓은 빈터를 찾을 수 없었기 때문이다. 결국 그들은 대안으로 낡은 시대의 유물로 취급받던 그리스도 대성당을 즉각적으로 폭파한다. 40년간 축조한 19세기 유적이 한순간에 연기처럼 사라져 버린 것이다. 그리곤 건물의 기초공사를 시작하지만, 곧바로 독소전쟁이 발발했다. 일부 완성된 건물의 기초는 즉각 해체되어 대전차 방어용으로, 나머지 자재들은 전후 건물들 복구에 사용되고 만다. 전쟁은 끝났지만 공사 진행을 위해 사용할 수 있는 자원이 없어진 것이다.

　전후, 새로이 들어선 정부는 스탈린의 과장된 기획에 피로감을 느끼고 마침내 전체 계획을 백지화한다. 성당이 철거된 공터는 한동안 방치되어 서서히 쓰레기장으로 변모해갔다. 주민과 당국 모두의 애물단지가 되어버린 것이다. 슬럼화된 거대 부지를 쪼달리는 예산으로 활용하기 위해 당국은 뜬금없이 이곳을 야외 수영장으로 만든다.

　그렇게 시간이 흘러, 사회적으로 지난 시대의 반달리즘을 자성하며 원래의 구세주 그리스도 대성당을 다시 짓자는 움직임이 일어난다. 우여곡절 끝에 1994년 철거된 대성당을 다시 만

폭파되는 그리스도 대성당(위) 소비에트 의회의 설계 공모 당선안(중간)
재건된 그리스도 대성당(아래)

드는 대공사가 시작되었다. 대규모 공사를 거쳐 결국 스탈린의 망상을 뒤로한 채 이곳은 18세기 원형의 모습을 회복했다. 인간의 평균 수명에 맞먹는 70년이라는 세월 동안 일어난 이 일련의 해프닝은 실로 어마한 삽질이 아닐 수 없다.

한편, 국제 설계 공모를 통해 세종시에 만들어진 정부 종합 청사의 사례는 또 다른 의도와 실현의 엇박자이다. 'FLAT CITY, LINK CITY, ZERO CITY'라는 제목의 설계안은 기존의 수직적 도시 형태를 탈피한 수평의 저층 구성으로 주변 자연과 건축이 하나된 모습이었다. 기존 관공서의 관념을 파격적으로 탈피하여, 가운데 언덕을 둘러싸고 모든 부처가 시민에게 열린 옥상 정원으로 연결된 유기적인 건축이었다. 그러나 디자인의 실현 과정에서 계획의 중심이 되었던 주변 언덕들은 모두 사라졌고, 건축가는 설계 변경의 과정에서 철저히 배제되고 만다. 소통과 일관성이 전혀 없었던 것이다. 심지어 연결되어 있는 건물은 구태의연한 행정체계의 관습에 의해 구역마다 울타리로 단절되어, 일부 옥상은 접근조차 불가능하게 되었다. 설계자 다이아나 발모리는 후에 이곳을 방문하고 크게 한탄하는 인터뷰를 남겼다고 한다.

이처럼 사회적 공감이나 일관성 없이, 정치적 의도에서 비롯되어 좌충우돌식의 방향설정으로 막대한 자원이 소모되는 경우는 종종 시대와 국경을 뛰어넘어 최근에도 목도된다. 아직까지 지자체장이 건축물을 자신의 정치적 치적으로 여기며, 어떻게든 자신의 임기 내에 완성하는 것을 목표로 삼는 일들이 많기 때문이다. 이렇게 되면 '잘' 만들기 위한 고민보다는 허술한 완성에만 몰두하게 되는데, 이렇다 보니 기초 조사라던지 사업 기획 자체가 허술한 것이 다반사다. 좋은 계획이 항상 좋은 결과를 만들지는 못하지만, 반대로 부실한 계획은 '절대' 좋은 결과를 만들지 못한다. 이렇게 급조된 계획이 전문성 없는 사람들을 통해 실현되는 데 우리의 피 같은 세금이 낭비되는 것은 울화통 터지는 일이다. 대부분 사업계획서는 담당 부서 공무원의 손에서 복사와 붙여넣기를 통해 급조되는 것이다.

훌륭한 설계는 지어진 후 100년이 지나서도 기능한다. 그래서 발주자와 설계자에게는 100년 후 건축물의 쓰임까지 고민할 의무가 있지만, 미래사회의 의견을 수렴하는 것은 불가능하다. 때문에 현재의 다양한 목소리라도 듣기 위해 공모를 하는 것이다. 이런 설계 공모전의 당선자를 근시안적 조건들만으로 결정하는 것은 무책임한 일이다. 그것이 '적당히 만들어 쓰다 부수고 다시 짓는 태도'와 '건축물을 지역의 문화를 상징하는 미래 인류의 자산으로 만들고자 하는 태도'의 차이일 것이다. 새로운 건축이라는 체험을 통해 우리들의 의식은 변화하고 사회는 발전한

세종시 정부청사 계획안(위)과 현재 모습(아래)

다. 우리는 지금 시대의 건축 공모를 통해 어떤 메시지를 미래에 전할 것인가. 그것은 분명히 후대에 기록될 것이다.

## 기분 좋은 불편함은 우리를 더 창의적이게 만든다

"형태는 기능을 따른다(Form follows function)."

미국 시카고의 마천루 스카이라인을 처음 그린 건축가 루이스 헨리 설리번Louis Henry Sullivan* 이 근대건축의 첫 장을 연 슬로건이다. 재미없는 디자인에 대한 '기능을 충실히 따랐다'는 사이비의 변명으로 매우 유효한 이 말은 당시의 일반적인 생각을 완전히 뒤엎는 것이었다.

그때까지 건물의 형태는 용도와 상관없이 고전 시대의 스타일에 충실한 경우가 대부분이었다. 당시 미국의 건축은 프랑스 보자르(예술적 표현에 치중하는 풍토)학파 졸업생들이 장악하고 있었다. 이들은 유학 시절 배운 대로 미국에 로마 시대 건물들을 말 그대로 '복제'하고 있었다. 그러나 설리반의 말은 백화점이 호텔 같고, 호텔이 기차역 같고, 기차역은 은행 같고 그 은행이 로마의 신전 같은 당시 건축적 현실에 대한 신랄한 비판이었다.

사실 그가 여기서 이야기하는 '기능'은 단순한 용도나 미적인 문제가 아니라 사회적 의미였다. 이전까지 건축은 주어진 용도에 맞게 만들어져야 했다. 기능이라는 말은 건축에 없었다. 건축가는 단순히 권력과 자본에 의해 요구된 용도의 방을 로마 시대 양식으로 만드는 용역자에 불과했다. 하지만 이후 용도를 넘어 기능이란 개념을 통해 건축가들은 사회적 조직을 형성하는 주체로서의 의미를 스스로 발견하게 된 것이다. 즉, 건축가는 사용자가 임의로 사용하는 건물을 만드는 것이 아니고 사용자가 어떤 방식으로 건물을 사용하여야 한다고 규정하는 주체가 된 것이다.

한편으로, 이러한 생각은 복잡다단한 인간 행위를 단순한 요소로 분해하고 그것들의 조합에 의해 기계와 같이 우리 생활을 기능적으로 구축할 수 있다고 생각한 것이기도 하다. 지난 20세기, 우리의 삶은 기술 진보에 의해 이전과 비교할 수 없을 정도로 편리해졌다. 하지만 우리 사회는 편리함이나 효율성에 의해 모든 것이 해결되지 않는다. 그리고 인간의 삶은 기능이라는 개념에 의해 요소화 될 수 있는 단순한 것이 아니다. 사람과 사람의 지속 가능한 관계는 절대 편리함만으로 형성되지 않는다. 이러한 효율과 편의성 우선주의로 만들어진 공간에서 우리는 그간 많은 것들을 상실하면서 살아가고 있다.

이러한 생각의 반대편에 우리의 '집'에 대한 고유한 가치가 있다. 우리는 방의 이름을 기능이 아닌 '위치'에 따라 정했다. 안에 있으니 안방, 건너편에 있으므로 건넛방, 문간에는 문간방이 있다. 화장실도 뒤에 있어 뒷간으로 불렀다. 그러나 기능주의**에서는 철저히 그 목적에 따라 공간의 이름이 정해진다. 거실, 침실, 식당, 화장실 등이 그러한데 그 목적을 수행하기 위해 공간에는 소파나 침대, 식탁 등의 특정 사물이 늘 자리를 채우고 있다. 우리는 정해진 목적에 따라 거실에서는 소파에 앉고, 침실에서는 잠을 자며, 식당에서는 식사를 한다. 요소화된 기능을 가진 방이 우리 삶의 형태를 미리 규정해 놓은 것이다. 그런데 한옥의 방들은 위치에 따른 이름만 있을 뿐 정해진 목적이 없으니 방안에 정해진 가구도 없다. 그저 밥을 먹고 싶으면 밥상을 가져와 식당으로 쓰면 되고, 탁자를 놓으면 서재가 되며, 요를 깔면 침실로 변한다. 다행인지 불행인지 공간에 대한 이 같은 자유로운 쓰임이 본능처럼 남아 있는 한국인들은 전 세계에서 유일하게 소파나 침대를 등받이로 쓰는 이상한 습관이 있다. 따듯한 온돌에서 가능했던 좌식에 대한 본능 때문일까?

외부공간에 있어서도 마찬가지다. 집집마다 존재했던 마당을 보자. 그곳에서 아이들이 뛰어 놀면 놀이터, 노동을 하면 일터가 된다. 나아가 이곳은 잔치와 같은 공동체 의식의 다양한 행위도 수용하는 무궁한 가능성의 공간이다.

하지만 기능 위주의 급격한 도시 팽창은 우리 삶을 세분화된 기능에 압축시킴으로써 이렇듯 모호한 공간을 용납하지 않았다. 반版 기능적이거나 사람들의 의지에 따라 쓰임이 바뀌는 우리 공간의 창조적 특징은 사실 가장 오래 지속이 가능한 '기능'임에 불구하고 말이다. 부분적인 불편함, 기분 좋은 불편함은 우리를 더 창의적으로 만들고, 다양한 행위를 창조함으로써 결과적으로는 삶을 풍요롭게 한다. 생각해보면 건물의 용도는 늘 어느 특정한 시점에 당시 사회의 요구를 충족시키기 위한 것일 뿐, 좋은 건축은 단순하게 기능이 형태를 규정하지 않는다. 오히려 형태가 미래의 새로운 기능을 유발하는 것이 보다 지속 가능한 퍼포먼스의 건축이라 하겠다.

가능성의 건축은 미래의 가변성을 잉태한 공간이다. 에너지를 생산하던 공장이 예술을 생산하는 미술관이 되고, 신께 기도하는 공간이 영혼을 불사르는 클럽이 되는 것은 이미 흔한 일이 되었다.

＊**루이스 헨리 설리번**Louis Henry Sullivan: 미국의 건축가이다. 시카고학파의 대표적 건축가로 철골구조의 고층빌딩 설계를 세련화한 것으로 유명하다. 매사추세츠 공과대학에서 공부하고 1873년부터 시카고에서 일했다. 1879년에 오디토리엄 빌딩으로 아르누보 장식을 발표했으며, 이어서 세인트루이스의 웨인라이트 빌딩을 통해 고층 건축의 예술화에 성공했다. 시카고 박람회 교통관, 카슨 파이어리 스코트 백화점은 기능적인 형태와 유기적 장식을 융합한 걸작이라는 평을 받았다.

＊＊**기능주의**: 기능을 건축이나 디자인의 핵심 또는 지배적 요소로 하는 사고방식이다. 다시 말하면 건축이나 공예에 있어서 그 용도 및 목적에 적합한 디자인을 취한다면 그 조형의 미는 스스로 갖추어진다는 사고방식을 의미한다. 기능 개념의 모태를 이루는 실용성 또는 합목적성의 개념은 19세기 초반의 고전주의 건축가 싱켈 등의 사상에서 싹트기 시작하여, 19세기 후반에 이르러 오토 바그너, 미국의 루이스 설리번 등 진보적인 건축가들에 의해 처음으로 적극적인 조형의 요소로써 다루어졌다.

부분적인 불편함,
기분 좋은 불편함은 우리를
더 창의적으로 만들고,
다양한 행위를 창조함으로로써
결과적으로는 삶을 풍요롭게 한다.
생각해보면 건물의 용도는 늘
어느 특정한 시점에 당시 사회의 요구를
충족시키기 위한 것일 뿐,
좋은 건축은 단순하게 기능이
형태를 규정하지 않는다.
오히려 형태가 미래의 새로운 기능을
유발하는 것이 보다 지속 가능한
퍼포먼스의 건축이라 하겠다.

## 좋은 건축은 말이 필요 없다

좋은 건축은 말이 필요 없고, 말로 설명하는 것에는 한계가 있다. "제대로 된 화가가 되고 싶다면 먼저 혀를 뽑아버려야 한다. 그래야 전달하고 싶은 것이 오로지 붓질로 표현될 수밖에 없는 것이 될 테니." 화가 앙리 마티스Henri Matisse가 1942년 어느 라디오 인터뷰에서 남긴 말이다.

스웨덴의 건축가 시구르드 레베렌츠Sigurd Lewerentz* 는 이 말에 아주 적합한 인물이었다. 대다수 건축가가 과장된 말로 자신을 포장하는 것과 달리 그는 '침묵의 건축가'였다. 60여 년에 이르는 창작활동 동안 평생 한 줄의 글도 남기지 않았고 따로 학교에서 후학을 가르친 적도 없이 작업실에 은둔하며 오로지 작품에만 몰두하였다. 하지만 그가 하고자 했던 말은 그가 남긴 건축의 농후한 공간 속에 구석구석 살아 숨 쉬며 오늘날까지 보는 이로 하여금 귀를 기울이게 한다.

20세기 중반이었던 당시는 철과 유리의 첨단기술 건축을 표방한 모더니즘이 유럽을 지배하던 때였다. 대표적으로 그가 만든 스톡홀름 외곽의 성 마가 교회Church of St. Mark는 놀라울 만큼 이러한 당시 유행과는 거리가 멀고, 그렇다고 이전의 고전주의도 아니면서 원시적인 새로움이 있다. 그는 이 교회를 당시 지역에서 생산되던 조악할 정도로 거칠고 어두운, 극히 평범한 벽돌을 엄격한 원칙을 가지고 한 장 한 장 쌓아 올려 만들었다. 그 원칙이란 오로지 표준 규격 벽돌만을 사용하되 절단하지 않은 온장만을 활용해 벽, 천장, 좌석, 제단 등 내외부 모든 공간을 만드는 것이었다. 벽돌을 쌓기 위한 회반죽에 주변에서 나는 점토를 더하고, 줄눈을 의도적으로 흐트러트림으로써 외관은 주변 자작나무숲에 자연스레 녹아드는 독특한 존재감을 나타낸다. 또한 내부 벽은 일명 '호흡하는 벽'으로, 수직 방향으로 만든 다수의 작은 굴을 통해 따뜻한 공기가 순환되도록 하여 춥고 긴 겨울에도 훈훈한 공간을 만든다. 오늘날 우리가 주위에서 흔히 보는 치장 벽돌, 일명 콘크리트 구조체에 겉치레로 붙인 장식이 없는 건축물이라고 할 수 있겠다. 벽돌 한 장 한 장이 구조체이자 마감, 가구가 되어 공간 전체를 통일감 있게 아우르는 신전과도 같은 것이다.

'힘이 닿는 데까지 노력하는 것은 어제 했던 방식을 또다시 반복하지 않는 것이다.' 함께 작업했던 이들로부터 전해지는 그의 창작 태도는 여전히 깊은 울림을 남긴다. 우리가 사물을 만들고 볼 때, 말과 수사의 번지르르함을 제거하고 그의 건축처럼 마음으로 깊이 보고 눈으로 꼼꼼히 생각한다면 성취하고자 하는 진리에 더욱 가까워질 수 있을 것이다.

앞서 소개한 스페인의 건축가 가우디도 그가 남긴 많은 작품과는 대조적으로 공개적인 글을 남긴 적이 거의 없다. 그의 생각이 일부 남아 있는 것은 20대에 7년간 기록한 개인적 노트 한 권과 지인들과 교류했던 서신 일부가 고작이다. 그가 평생 성직자와 같이 설계에만 치열하게 몰두한 창작가였다는 방증이다.

건축가 중에 달변가가 많은 것은 사실이다. 하지만 그의 말이 그의 건축을 있는 그대로 대변하는 것은 아니다. 대부분 좋은 건축은 말이 필요 없고, 오히려 말로 전달되거나 설명할 수 있는 것에는 한계가 있다.

벽돌 한 장 한 장이 구조체이자 마감, 가구인 성 마가 교회 내부(위)와 자작나무 숲에 녹아든
외부(아래) 모습

✳ **시구르드 레베렌츠**Sigurd Lewerentz: 스웨덴의 독창적인 모더니즘 건축가이다. 대학에서 기계공학을 전공하고 건축은 독학하였다. 동세대인 건축가 군나르 아스플룬트와 스톡홀름 우드랜드 공동 묘지의 설계 공모에 당선되면서 세간에 이목을 받는다. 이후 1911년 자신의 이름으로 사무실을 내고 창작활동을 하다 당시 건축계에 환멸을 느끼고 설계 활동을 중단한다. 이후 공장을 만들어 지하철의 부품이나 창호, 철물을 제작한다. 인생 말기에 말뫼와 스톡홀름의 독창적인 교회 건축을 하며 다시 건축가로 화려하게 복귀한다.

## 감동과 메시지가 없다면 구조물 공학에 불과하다

좋은 건축이 되기 위한 조건들을 논할 때 우리는 그것이 담고 있는 '시대성'을 이야기한다. 고고학자가 유적의 발굴을 통해 과거를 밝힐 수 있는 것은 바로 건축이 그 시대를 반영하는 거울이기 때문이다. 따라서 좋은 건축물은 그 시대에 가장 적합한 기술과 재료로 지어야 한다. 오늘날 4차 산업혁명 시대에 전통한옥이나 초가집을 짓지 않고, 벽돌로 치장된 건축을 새롭다고 부르지 않는 이유이다.

지난 20세기 건축사를 돌이켜 보며 그 시대를 결정짓는 원형과도 같은 건축을 찾는다면 독일 베를린 캠퍼 광장에 있는 국립미술관 신관이 바로 그것이다. 이 혁명적 건축은 1968년 건축가 미스 반 데어 로에 생애의 마지막 완성작으로 매우 단순한 입방체의 형태를 하고 있다.

미스 반 데어 로에는 기술을 단순히 건축 공간을 위한 수단이 아닌 그 자체로서 구현하고자 하였다. 그는 미술관을 상설전시 공간과 기획전시 공간으로 명쾌히 구분하여 전자는 광장 하

시대를 결정짓는 원형과도 같은 베를린 신미술관의 기획전시 공간

부에 배치하였다. 그리고 그 위에 8개의 가벼운 철제 기둥으로만 지지가 되는 가로세로 각각 64.8m의 거대한 지붕을 띄웠다. 그리고 그 안에 끝없이 비워진 공간을 기획전시 공간으로 계획하였다. 여기서 중요한 것은 지붕의 거대함이나 기둥의 가늚 등과 같은 기술적 성취가 아니라 그것으로 인해 창조된 투명한 공간이다. 명확히 규정된 기능과 용도는 없지만 어떠한 기능과 용도들도 가변적으로 수용할 수 있는 '유니버설 스페이스universal space'의 탄생인 것이다.

파리의 퐁피두 센터도 시대의 한 획을 그은 새로운 건축물이다. 1977년, 고색창연한 석재건물들로 빼곡하게 채워진 도시 한복판에 이 건축물이 철과 유리로 된 모습을 드러냈을 때 그것은 실로 모두의 상상을 뛰어넘는 하나의 '대사건'이었다. 렌조 피아노Renzo Piano*와 리차드 로저스Richard Rogers**라는, 당시 30대에 불과했던 무명의 두 건축가에 의해 국제 설계공모 당선작으로 선정된 디자인은 기존 건축의 개념을 뒤엎는 파격 그 자체였다.

도서관과 전시장이라는 용도 하에 융통성과 가변성을 주제로 폭 48m, 길이 170m의 평면 내부를 완전히 투명하게 비운 것이다. 이를 위해 건축물에 필요한 기둥과 설비요소들을 모두 건물 밖으로 배치하고 통로나 에스컬레이터 같은 부수적 공간도

파리의 퐁피두 센터

입면 밖 외부에 두었다. 이로 인해 내부의 거대한 공간은 완벽히 가변적인 구성이 가능한 무한의 가능성을 지니게 된 것이다. 인체에 비유하면 뼈와 장기들이 모두 피부 밖으로 나온 것이다. 이른바 '하이테크Hi-Tech 건축'이라 불리는, 공간적 가변성과 구조적 표현에 중점을 둔 새로운 방법론의 탄생이었다. 하지만 주목할 것은 그러한 기술적 표현 그 자체가 아니라 그 안에 담긴 '정신'이다.

건축에 있어서 궁극의 기술이란 무엇일까? 건축물이 튼튼히 서 있기 위한 구조적 기술, 실내가 쾌적한 설비적 기술, 외관의 재료적 기술, 지속 가능한 환경적 기술, 미학적 기술 등 건축을 구성하는 기술에도 여러 가치가 있다. 건축을 뜻하는 'architecture'는 크다는 의미의 'archi'와 기술이라는 의미의 'tect'가 합쳐진 단어로 '큰(종합적인) 기술'이라고 해석할 수 있다. 하지만 모든 기술의 궁극적 목표는 '투명함'이다. 기술이란 만들고자 하는 것의 본질을 가장 명쾌하게 사용자에게 전달하기 위한 수단이다. 그것은 마치 내용물을 감싸고 있는 포장지, 혹은 인간이 호흡하기 위한 공기와 같다. 그래서 기술이란 연마할수록 투명해져서 결국 보이지 않게 되는 것이다. 오늘날 도래하는 각종 친환경 신기술과 첨단 공법들로 요란스럽게 포장한 건축일수록 가만히 보면 그 안에 지녀야 할 본질적인 삶의 가치가 퇴보함은 아이러니하다. '감동'과 '사회적 메시지'가 없다면 건축은 구조물을 짓는 '공학'에 불과하다.

＊렌조 피아노Renzo Piano: 이탈리아를 대표하는 현대 건축가이다. 1937년 제노바, 대대로 건축업을 하는 집안에서 출생했다. 밀라노 공과대학에서 수학하고 30대의 젊은 나이에 리차드 로저스와 공동으로 파리의 퐁피두 센터 국제 설계 공모에 당선되어 세상에 이름을 알린다. 1981년부터 렌조 피아노 빌딩워크숍을 개설하여 세계 각국에 수많은 프로젝트들을 실행한다. 서울에 KT 광화문 사옥을 설계하였다.

＊＊리차드 로저스Richard Rogers: 1933년 이탈리아 피렌체에서 태어났으며, 4세 때 가족이 영국으로 이주하였다. 난독증으로 11세 무렵까지 글을 읽고 이해하는 데 어려움을 겪었던 그는 중학교를 마치고 1954년 영국 AA스쿨에 진학하여 건축을 전공하였고, 1962년 예일대 건축대학원에서 석사학위를 받았다. 일명 '하이테크 건축'으로 유명한 그는 1978년부터 리처드 로저스 파트너십을 설립하고 런던의 로이드 사옥, 밀레니엄 돔, 서울의 여의도 파크원 등을 설계하였다. 1991년 영국 왕실로부터 기사 작위를 받았고, 2007년 프리츠커상을 수상했다.

모든 기술의 궁극적 목표는
'투명함'이다.
기술이란 만들고자 하는 것의 본질을
가장 명쾌하게 사용자에게
전달하기 위한 수단이다.
그것은 마치 내용물을 감싸고 있는 포장지,
혹은 인간이 호흡하기 위한 공기와 같다.
그래서 기술이란 연마할수록 투명해져서
결국 보이지 않게 되는 것이다.

## 에필로그

### 모든 것은 건축이다

우리는 건축을 시각적 대상인 '아름다운 형태'로만 파악하는 경우가 허다하다. 하지만 이러한 피상적이고 단순한 이해로는 건축을 올바르게 알기 어렵다. 그 건축물이 왜 그렇게 지어져야 하는지 건축의 배후에 있는 의지를 물을 때 그것은 비로소 우리에게 말을 걸고 우리 삶 속으로 들어온다.

이 책을 통해서 탐구하고 싶은 것은 단순한 건축 이야기가 아니다. 새로운 시대를 맞이한 '새로운 장소'의 가능성에 대한 것이다. 그러므로 이 책은 기술적이거나 예술적인 '건축술'보다는 '건축에 대한 사유'에 방점을 두었다. 건축을 통해 새롭게 형성된 사회적 관계는 어떤 것인지, 또한 그곳에서의 일상생활은 어떤 모습이었는지, 그곳에 새겨진 정신적 가치는 무엇인지에 대해 알아보았다. 수많은 제약 때문에 이루지 못한 가치들과 우리 사회 건축문화의 열악한 현실에 대한 건강한 비판도 함께 담고 자 했다.

모든 학문이 그렇듯 건축을 한마디로 정의하기는 쉽지 않 다. 그러나 고대 이후 오늘날까지 건축에 대한 수많은 정의 중 가장 극단적인 것을 꼽으라면 당연히 '모든 것은 건축이다'일 것이다. 이는 작고한 포스트모더니즘 건축의 거장 한스 홀라인 Hans Hollein*이 1968년, 제대로 실현된 작품도 없던 젊은 시절에 패기 넘치게 발표한 논문 제목으로, 당시 세계 건축계에 큰 충격 을 주었다. 우리가 내용을 보다 자세하게 이해하기 위해서는 그 선언문 전후인 1960년대에 발표된 다음 작품들에 주목할 필요 가 있다.

먼저 '비물질적 환경제어 용품'이라는 이상한 이름의 '건축 작품'을 보자. 이는 하나의 캡슐 알약에 불과하다. 그것은 폐소 공포증 환자를 위해 고안되었는데, 알약을 복용함으로써 환자 가 갑갑하게 느끼는 공간에 대한 인식력을 떨어뜨리는 것이 건 축작품(?)의 목적이다.

또 '비엔나 대학 증축계획'이라 불리는 작품에는 증축할 건 축물은 보이지 않고 달랑 TV 사진이 한 장 있을 뿐이다. 홀라인 은 이를 통해 TV를 매개로 이루어지는 교육을 통한 대학 기능의

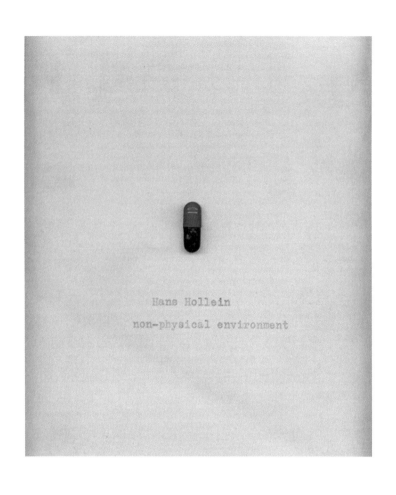

Hans Hollein

non-physical environment

Proposal for an extension of the
University of Vienna, 1966

 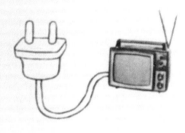

비물질적 환경제어 용품(위)과 비엔나 대학 증축계획(아래)

이동식 거실

실질적 확장을 담고 있다. 동시에 이것은 학교 건물의 확장에만 의존하는 기존 교육 시스템에 대한 비판이자 구태의연하게 학교 건물을 설계하는 건축가들에 대한 통렬한 비판이기도 하다.

더욱 흥미로운 것은 그가 예술가 월터 피클러Walter Pichler[**]와 개최한 전시에서 선보인 '이동식 거실'이다. 폐허와 같은 공간 속에서 한 남자가 머리에 기이한 모양의 헬멧을 쓴 채 앉아 있다. 그는 헬멧 속의 영상과 음향을 통해 주변 환경으로부터 독립적이고 불변하는 자신만의 이동 가능한 거실 환경을 가질 수 있다는 것이다. 물론 이것은 개념적인 작품으로, 실제 작동하지 않는 외형을 만든 것뿐이다. 하지만 오늘날 우리에게 익숙한 VR, 웨어러블 디바이스가 이미 이들 시대에 새로운 건축에 대한 고민에서 출발했다는 것은 자못 흥미롭다.

비엔나 대학 증축계획은 마치 오늘날의 유튜브나 아이튠스 U와 같은 E-러닝 플랫폼이 담는 기능의 정확한 예견이기도 하다. 당시 예측한 새로운 기술에 의해 확장된 건축은 이후 반세기가 지난 오늘날의 사회를 크게 변화시켰다. 그리고 나날이 가속화되는 각종 정보기술, 사물 인터넷, 언택트 기술의 발달과 더불어 팬데믹 시대를 거치며 우리는 일상의 공간이 가지는 의미와 가치를 다시금 바라보게 되었다.

돌이켜 보면 건축은 그 시대의 문화와 사회에 나타나는 인간의 본질을 묘사하고 규정하는 역할을 해왔다. 우리가 유적의 발견을 통해 과거 생활과 그 사회에 대한 많은 것들을 밝혀낼 수 있는 것은 바로 건축이 그 시대를 반영하는 거울이기 때문이다. 모든 공간은 어떤 의미로든 그 내부뿐만 아니라 주변 사람들의 행동까지도 강요하고 규정하는 습성이 있다. 그래서 다양한 가능성에 활짝 열려있어, 창의적 행위를 유발하는 공간이 중요한 것이다. 공간의 지속가능성이란 공간을 통한 관계성이 고정되어 있지 않아서 스스로 조정할 수 있다는 의미이기도 하다. 건축을 한다는 것은 어떤 면에서 사회와 그것이 암묵적으로 강요하는 삶의 방식, 또는 공간을 매개로 한 관습화된 관계성에 대한 비판이기도 하다. 이런 점에서 건축은 창조적 대안을 모색하는 행위라고 생각한다.

"모든 것은 결국 공간으로 말해지고 새로운 건축이 새로운 시대를 연다."

＊**한스 홀라인**Hans Hollein: 오스트리아를 대표하는 현대 건축가 중 한 명이다. 수도 빈에서 태어나 예술아카데미를 졸업하고, 1959년 시카고 일리노이 공대와 UC버클리에서 수학했다. 1964년 빈에 자신의 건축사무소를 설립하고 건축 설계와 더불어 교육자, 잡지 편집장, 산업디자이너로서도 활발히 활동했다. 1985년에는 프리츠커상을 수상했다. 주요 작품으로는 래티 캔들숍, 슐린 보석상, 프랑크푸르트 현대미술관, 빈 중심가의 하스 하우스 등이 있다.

＊＊**월터 피클러**Walter Pichler: 오스트리아의 현대 예술가이자 건축가, 디자이너이다. 그의 작품은 조각과 건축 사이의 영역에 걸쳐 있다. 그는 유토피아적 관점에서 공간과 인식을 다루는 다양한 사물과 설치물을 제작했다. 한스 홀라인과 협력하여 건물의 제약에서 건축을 '해방'시키고자 하는 다양한 전위적 공간 아이디어를 창작했다.

## 감사의 말

　도면을 그리는 건축가로 한 권의 책을 쓰겠다는 생각은 애당초 없었다. 우선 내 전문분야가 아닌 것에 욕심을 부리고 싶지 않았고 또 섣불리 실천이 따라가지 않는 말을 남발하는 것은 도무지 내키지 않아서이다. 이런 와중에 두 해 전부터 한 일간지에 짧은 글들을 간간이 '도발하는 건축'이라는 제목으로 연재하게 되었다. 그리고 이 글들이 이전에 프로젝트를 설계하는 과정에서 쓴 글들과 함께 묶여 본의 아니게 책이란 형식으로 우연히 세상에 나오게 된 것이다. 한편으로 여기 담긴 글들은 내가 건축을 하는 방법론이자 일부는 내가 아직 실천하지 못한 것들에 대한 이정표이기도 하다.

　내가 이 책에 담은 생각과 태도를 지니게 된 데는 무엇보다 건축적 스승 두 분의 존재가 크다. 대학 첫 수업 설계실 앞에서 (오늘과 같이 인터넷이 보급되지 않은 당시만 해도 대학 설계실 앞에는 늘 해외에서 수입된 건축가들의 작품집을 한보따리 펼쳐 놓고 파는 책장수 아저씨가 있었다.) 우연히 손에 넣게 된 것은 승효상 건축가의 《빈자의 미학》이라는 책과 렘 콜하스의 《S,M,L,XL》이었다. 전자는 당시 고삐 풀린 망아지처럼 표현적 가치에 함몰된 포스트모던 속에서 망각하고 있던 근본적인 건축의 가치를 절실히 담고 있었다. 후자는 1,376쪽이라는 압도적인 분량 속에 그전까지 생각도 할 수 없었던 새로운 건축의 구축 방식을 적은 실로 경이적인 책이었다. 부족한 영어 실력에 사전 끼고 내용을 한 단어씩 번역하고, 또 그 속에 실린 도면들을 트레이싱 하였다. 언젠가는 이들처럼 훌륭한 건축을 해보고 싶다는 생각이 오늘 건축가로서 나의 바탕이다.

처음 생각을 글을 표현할 계기를 제공하고 부족한 글들을 비평해준 경향신문의 박주연 기자님에게 감사한다. 그는 나에게 있어 글쓰기 선생님이다. 그리고 흩어진 글들이 이렇게 하나의 책으로 만들어지기까지 수많은 조언을 해주고 참을성 있게 용기를 북돋아 준 백지윤 편집자에게 감사한다. 또한 훌륭한 사진들을 제공해주신 신경섭, 노경 작가님에게도 깊이 감사한다. 오늘날 가우디의 눈부신 작품을 볼 수 있는 것은 구엘 백작의 탁월한 안목 덕분이었다. 좋은 건축이 태어나는 것은 절반은 건축가, 나머지 절반은 온전히 건축주의 몫이다. 편리함과 익숙함을 대가로 우리 사회가 외면하고 잊어버린 문제들에 대한 대안으로서 제안하는 건축이란 종종 편리함과 경제적 효용을 벗어나기도 한다. 그러므로 나의 건축주 또한 건축가 못지않게 큰 각오가 필요했을 것이다. 아울러 오늘도 새로운 건축을 통한 보다 나은 세상을 꿈꾸며 매진하는 한국 건축계의 선후배님들에게 이 글을 바친다.

# 그곳 찾아보기

ㅇ

# 이미지 출처

**사진작가 유청오 제공**

〈아이들 스스로 창의적인 놀이를 만들어내는 산마루 놀이터〉　　　　80p

**데이비드 치퍼필드 아키텍츠(https://davidchipperfield.com)**

〈베네치아의 산 미켈레 섬 전체 구상도〉　　　　134p

**그레이엄 파운데이션(http://www.grahamfoundation.org)**

〈일본의 건축가가 제안한 층구조 모듈의 구상도〉　　　　145p

**사진작가 노경 제공**

〈모두에게 열린 공간을 만들어낸 한양도성 안내쉼터〉　　　　158p

**archello.com**

〈도로 상부에 건물을 짓고 곳곳에 나무 1,000그루를 심는
'천 그루의 나무' 프로젝트〉　　　　169p

**blog.naver.com/hobaktravel**

〈핀란드 이타케스쿠스의 지하수영장〉　　　　198p

**blog.naver.com/crencia0615**

〈지하벙커를 문화공간으로 활용한 여의도 지하벙커 전시장〉　　　　202p

**blog.naver.com/hb3360**

〈제주도 빛의 벙커〉 202p

## 저자소개

## 조진만 | 건축가

편리함과 익숙함을 넘어 일명 '뒤통수치는 건축', '당황시키는 건축'을 표방하는 젊은 건축가. 한양대학교와 베이징의 칭화대학교에서 공부하고, 건축가 렘 콜하스의 'OMA' 와 승효상의 '이로재'를 거치며 중국과 유럽에서 건축 수련을 했다. 한양대학교 겸임 교수와 서울시 공공건축가를 역임했다.

제 역할을 잃어버린 도시의 죽은 공간에 새로운 가치를 부여하고, 관습화된 공간을 창 의적으로 변화시키는 것이 특기이다. '내를 건너서 숲으로 도서관', '창신 숭인 채석 장전망대', 옥수동 고가하부의 '다락옥수', 대방동 지하벙커의 '청소년 창의혁신 체험 공간' 등을 설계했으며, 공공건축뿐만 아니라 판교동의 '층층마루집', 대치동의 'K2타 워' 등을 설계하기도 했다.

문화체육관광부 젊은 건축가상, 김수근 건축상 프리뷰상, 국토부 대한민국 공공건축 상, 국토부 신진 건축가상, 서울시건축상, 월드 아키텍처 어워드World Architecture Awards 세계건축상, 미국 <아키텍처럴 레코드Architectural Record> 선정 '디자인 뱅가드상Design Vanguard Award'을 수상하며 세계적으로 주목받고 있다.

# 그를 만나면 그곳이 특별해진다

2021년 7월 15일 1쇄 발행

**지은이** 조진만
**펴낸이** 김상현, 최세현 **경영고문** 박시형

**책임편집** 백지윤 **디자인** 박선향
**마케팅** 권금숙, 양근모, 양봉호, 임지윤, 이주형, 신하은, 유미정
**디지털콘텐츠** 김명래 **경영지원** 김현우, 문경국
**해외기획** 우정민, 배혜림
**펴낸곳** (주)쌤앤파커스 **출판신고** 2006년 9월 25일 제406-2006-000210호
**주소** 서울시 마포구 월드컵북로 396 누리꿈스퀘어 비즈니스타워 18층
**전화** 02-6712-9800 **팩스** 02-6712-9810 **이메일** info@smpk.kr

ⓒ 조진만
ISBN 979-11-6534-371-2 (03540)

쌤앤파커스(Sam&Parkers)는 독자 여러분의 책에 관한 아이디어와 원고 투고를 설레는 마음으로 기다리고 있습니다.
책으로 엮기를 원하는 아이디어가 있으신 분은 이메일 book@smpk.kr로 간단한 개요와 취지, 연락처 등을 보내주세요.
머뭇거리지 말고 문을 두드리세요. 길이 열립니다.